図解 EV革命

100年に1度のビジネスチャンスが一目瞭然！

村沢義久 Yoshihisa Murasawa

毎日新聞出版

目次

図解 EV革命 100年に1度のビジネスチャンスが一目瞭然！

装丁・本文レイアウト・図版作成
august design Inc.　松村謙
ブリッジ　須原一幸
帯のイラスト　ＰＩＸＴＡ
イラスト　きゃら（9・103・153ジペー）
写真　髙橋勝視　毎日新聞　共同通信

序　実はよく知らない電気自動車

図解EV革命

1

電気自動車とはどんなもの？

エンジンの代わりにモーターで走る

最近、電気自動車についての報道を見たり聞いたりするのだが、実際どんなものなのかよく分からない、という声をよく聞く。電気自動車（ＥＶ）とは何か？　一番単純に言ってしまえばエンジンの代わりにモーターで走る車、ということになる。

ガソリン車は、ガソリンをエネルギー源としてエンジンを動かし走っている。それに対して、ＥＶでは電気でモーターを回して車輪を回転させる。違いはそれだけで、ガソリン車と同じように、アクセルとブレーキで操作する。ただし、今後はブレーキペダルがなくなり、今のアクセルペダルだけになり、踏み込めばアクセル、外せばブレーキというふうに操作できるようになる。

モーターと聞くとひ弱いというイメージかも知れないが、とんでもない。走行性能は抜群。スムーズでしかも力強い加速が得られる。さらに、静かで振動がない。ガソリンエンジンでは、シリンダ内でガソリンと空気の混合気を爆発的に燃焼させピストンの往復運動を起こして車輪を回す。だから、ブルブルといったエンジン音や往復運動による振動がある。

一方、モーターは最初から回転運動しているので往復運動がなく振動がない。しかも燃料の爆発がないからエンジン音もない。また、ＥＶには変速機（トランスミッション）がない。エンジンは、低回転時にはトルクが小さいため、発進時には回転数を上げて馬力を稼ぎ、ローギアで減速してトルクを得る。そして、車に勢いがついたら高いギアにシフトする。対照的に、モーターは回転数に関係なく、一定の強いトルクが得られるので変速機は要らない。当然、ギアシフトに伴うショックもない。

静かで振動がなくショックもない。つまり。乗り心地は最高。モータージャーナリスト的な表現を使えば、「野太いトルクで滑らか、かつダイナミックな走り」が体感できる。

図1

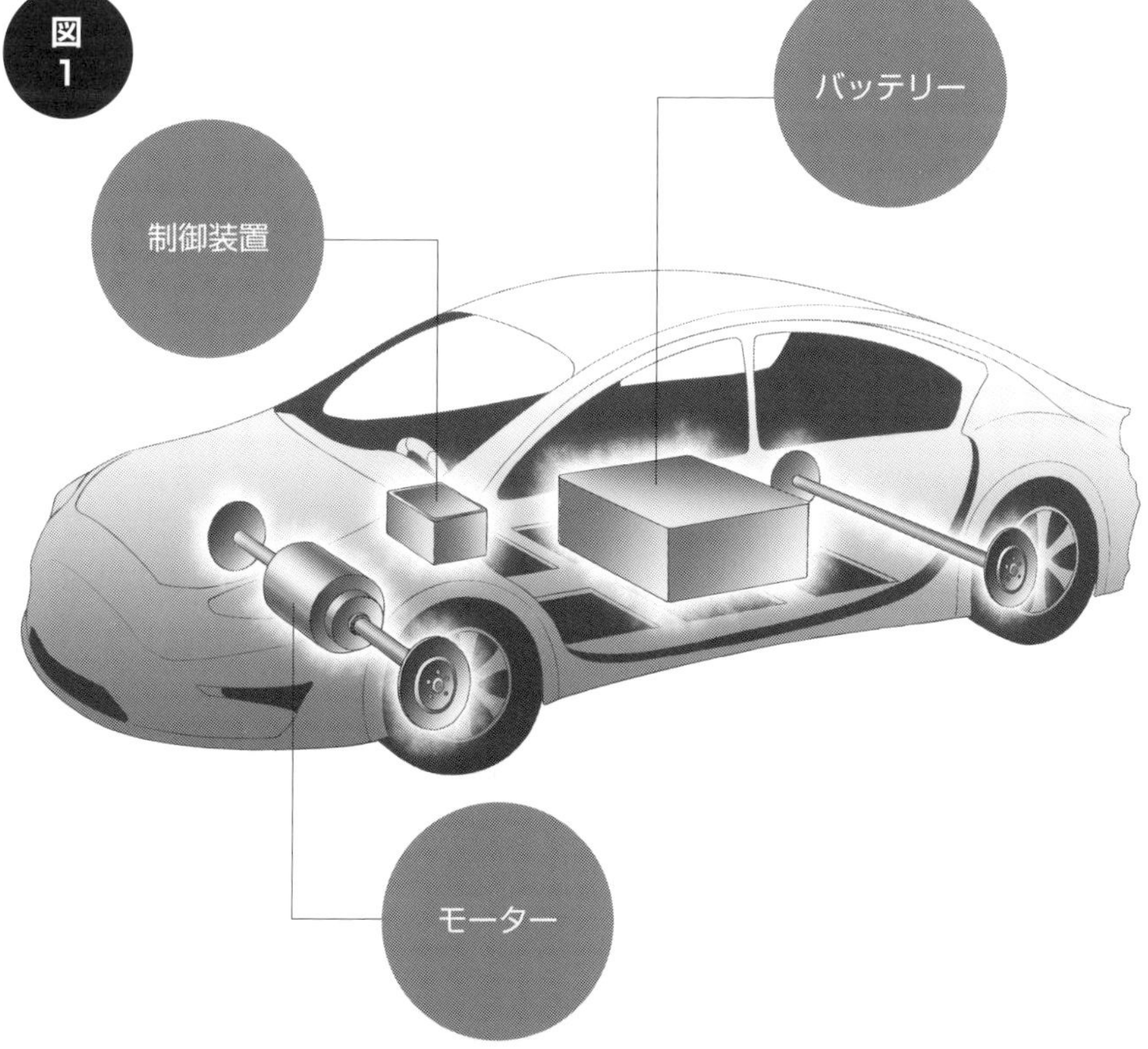

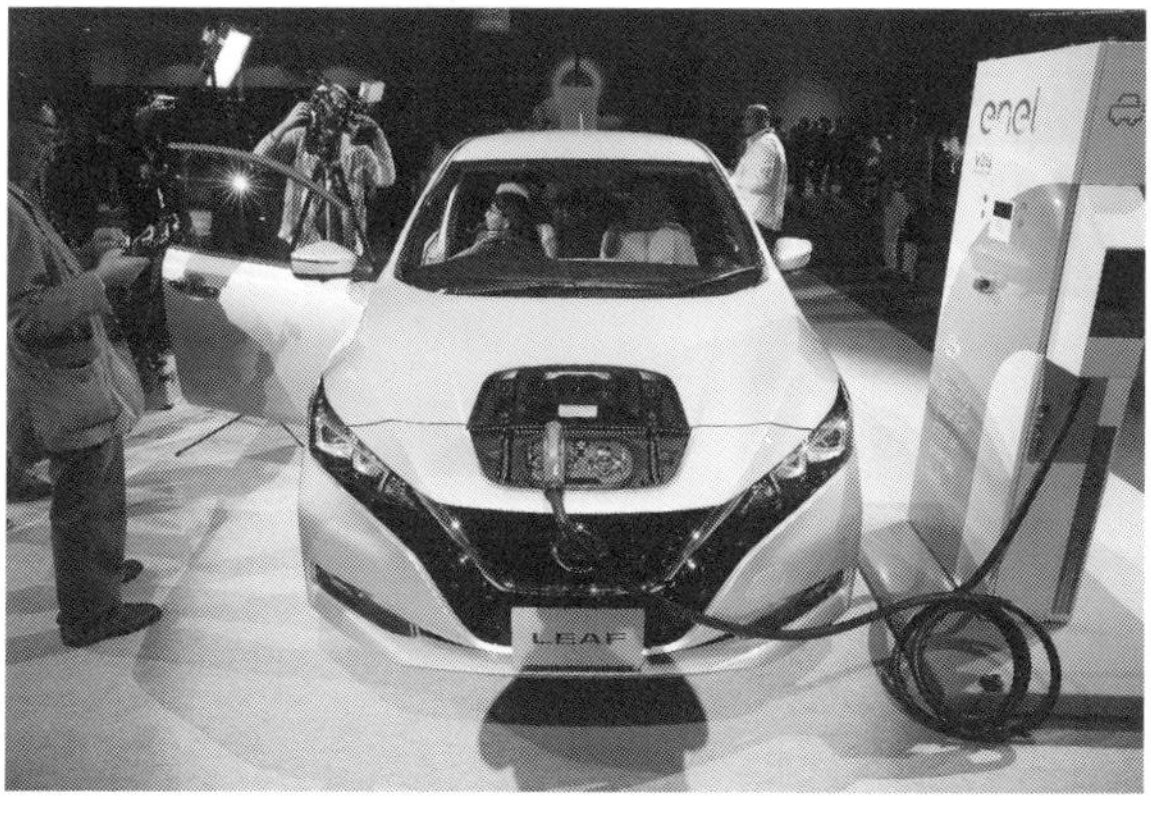

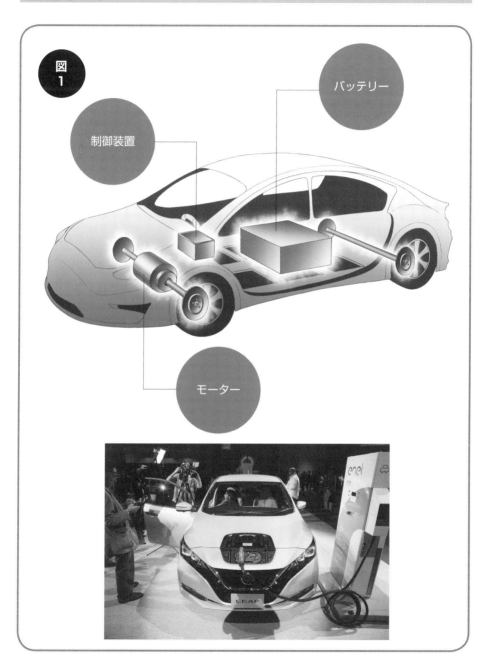

2

航続距離600キロに

航続距離が約2倍に増えた新型リーフ

ＥＶの走行性能が素晴らしいことは分かったが、まだ心配はある。ＥＶは近距離用で、あまり遠くまで行けないのではないか？

日本で最初の量産型ＥＶである三菱「i-MiEV」（２００９年発売）の航続距離（1回の充電で走れる距離）は１６０キロメートル。燃費の良いガソリン車の航続距離が満タンで１０００キロメートルくらいなので、これと比較して非常に短い。しかも、これは「カタログ値」であり、実際には80〜１２０キロメートル程度である（実際の走行距離がカタログ値より短いのはガソリン車でも同じ）。1年後に発売された初代日産「リーフ」でも、カタログ値２００キロメートル、実力は、その7割くらい。

これでは購入を躊躇するのも当然だが、なぜなのか。それは蓄電池の問題だ。「i-MiEV」の場合、車両総重量１１００キログラムに対して、蓄電池（床下に設置）だけで約２００キログラム。これで実際の走行距離が１００キロメートル程度なのだから、３００キロメートル走らせようとすると蓄電池だけで６００キログラムになる。「i-MiEV」は、カテゴリー上は軽自動車だが、これだけの電池を積むと車両総重量は3ナンバー車並みになってしまう。

これが２００９〜２０１０年ごろの話だが、17年の今、状況は大きく変わりつつある。日産の新型「リーフ」のカタログ上の航続距離は４００キロメートル（実力は２８０キロメートル程度）で、発売当初のモデルと比較すると2倍になったので使い勝手は格段に良くなる。都心から箱根まで何とか往復できる距離だ。またテスラ「モデルＳ」は最大で５９４キロメートルという航続距離を誇っている。

ＥＶの普及を加速させるためには、実際の走行距離が３００キロメートルは必要だ。新型「リーフ」でもまだ不足だが、日産が18年に投入する予定の上級モデルの走行距離は４８０キロメートル（カタログ値）で、実際の航続距離も３００キロメートルを達成できそうだ。

図2-1 1回のガソリン供給・充電時の航続距離の比較

ガソリン車	ハイブリッド車	EV
約1000キロメートル	約1600キロメートル	約400～600キロメートル

（注）いずれもカタログ値。ガソリン車はカローラ（1500cc、リッター23.4キロ）、ハイブリッド車はプリウス、EVはリーフとテスラ「モデルS」（100D）をサンプルにした。

図2-2

初代リーフ（2010年発売）

200キロメートル

2代目リーフ（2017年発売）

400キロメートル

テスラ「モデルS」（100D）

594キロメートル

3

充電のしかたは？

スマホのように充電は超簡単！

ＥＶは、電気で走るのだから当然充電しなければならないが、その方法には2種類ある。まずは、「普通充電」。家庭でもできるが、２００ボルト用コンセントの設置工事が必要になる。費用は大体数万円。

充電は簡単で、専用ケーブルを車の差し込み口につなげるだけ。スマートフォンの充電と同じ感覚だ。町中やショッピングモールなどにも充電器が設置されているので外出先でも使える。２０１７年夏の段階で全国に約2万１０００基ある。問題は、フル充電するのに大体8時間かかること。

そこで登場するのが「急速充電器」。現在、日本全国に約７０００基設置されている。ガソリンスタンドの数が約3万軒だから、急速充電器が2万基ぐらいになれば、ＥＶの普及が一気に加速するだろう。

ただし、それで問題がなくなるというわけではない。「急速」とは言いながら、30分程度かかる。ガソリン補給は、正味で3分程度しかかからないことを考えると、少々時間がかかり過ぎだ。

そこで、ＥＶに合わせた使い方をするのが良い。まず、車の使用後は直ちに充電ケーブルをつないでおく。1時間後に再び出かけるとしても、その間に普通充電で20〜30キロメートル走れるだけの充電ができる。夕方の帰宅時にバッテリーが空になっていたとしても、翌朝出かける時間までに満充電になっている。

また外出先でケーブルをつないだりはずしたりするのが面倒という声もある。作業自体はセルフでガソリンを給油する程度のものだが、急速充電用のケーブルは太くて重い。

そういう問題に対処するために、ケーブルなしで充電できる、「非接触充電器」が開発されている。そのほかにも充電の煩わしさを根本的に解決する様々な方法が検討されている。

図3 ＥＶの充電方式

充電方式	普通充電	急速充電	〈参考〉（ガソリン給油）
充電時間	約8時間	約30分	（3分程度）
全国の設置数	約2万1000基	約7000基	（約3万軒）

専用ケーブルを
差し込み口につなげるだけ

ＢＭＷの非接触充電器

4

エコロジーとエコノミー

EVの方が燃費（電費）が5倍良い

　EVを購入する動機として「エネルギー代が安い」を挙げるドライバーも少なくない。つまり「エコノミー」志向だが、EVを普及させる最大の目的は二酸化炭素（CO_2）の減少、すなわち「エコロジー」だ。この2つの「エコ」は両立するのか。

　最初にエコロジーの方について考える。EVは走行中のCO_2の排出はゼロ。しかし、発電所で化石燃料を燃やすのでそこでCO_2が発生している。それでもEVはガソリン車よりもエコなのか。それを検証するための恰好の車がある。

　三菱「i-MiEV」は、軽自動車である「i」をベースにしている。そこで、両者についてカタログ上の燃費と電費をカロリー換算で計算してみると、EVである「i-MiEV」の方がガソリン車である「i」よりも5倍も良いことが分かる。

　ただし、実際の比較はもう少し複雑だ。電気の場合には、発電所での効率と送電における損失を、ガソリン車の場合には石油精製における損失を考慮する必要がある。だが、これらを加味してもEVの方がガソリン車より大体3〜4倍効率が良い。

　さらに、EVの場合、発電を太陽光や風力で賄うようになれば、総合的にCO_2ゼロにすることができる。

　もう一つのエコであるエコノミー（経済性）の方はどうか。ガソリン代をリッター当たり130円、電気代を㌔㍗時（kwh）当たり25円として計算すると、ガソリン車「i」の場合1㌔㍍走るのに6・5円かかるのに対し、「i-MiEV」では電気代はわずか2・5円。エコノミーの点でもEVの方が優れていることが分かる。

　ただし、EVの方が、車両価格が高いので、相当の距離を走らないと燃費（電費）の安さで価格差を取り戻すのは難しそうだ。しかし、EVは、今後、量産化が進み価格が下がるだろう。つまり、二つのエコは両立するということになる。

図4 EVは2つのエコを両立

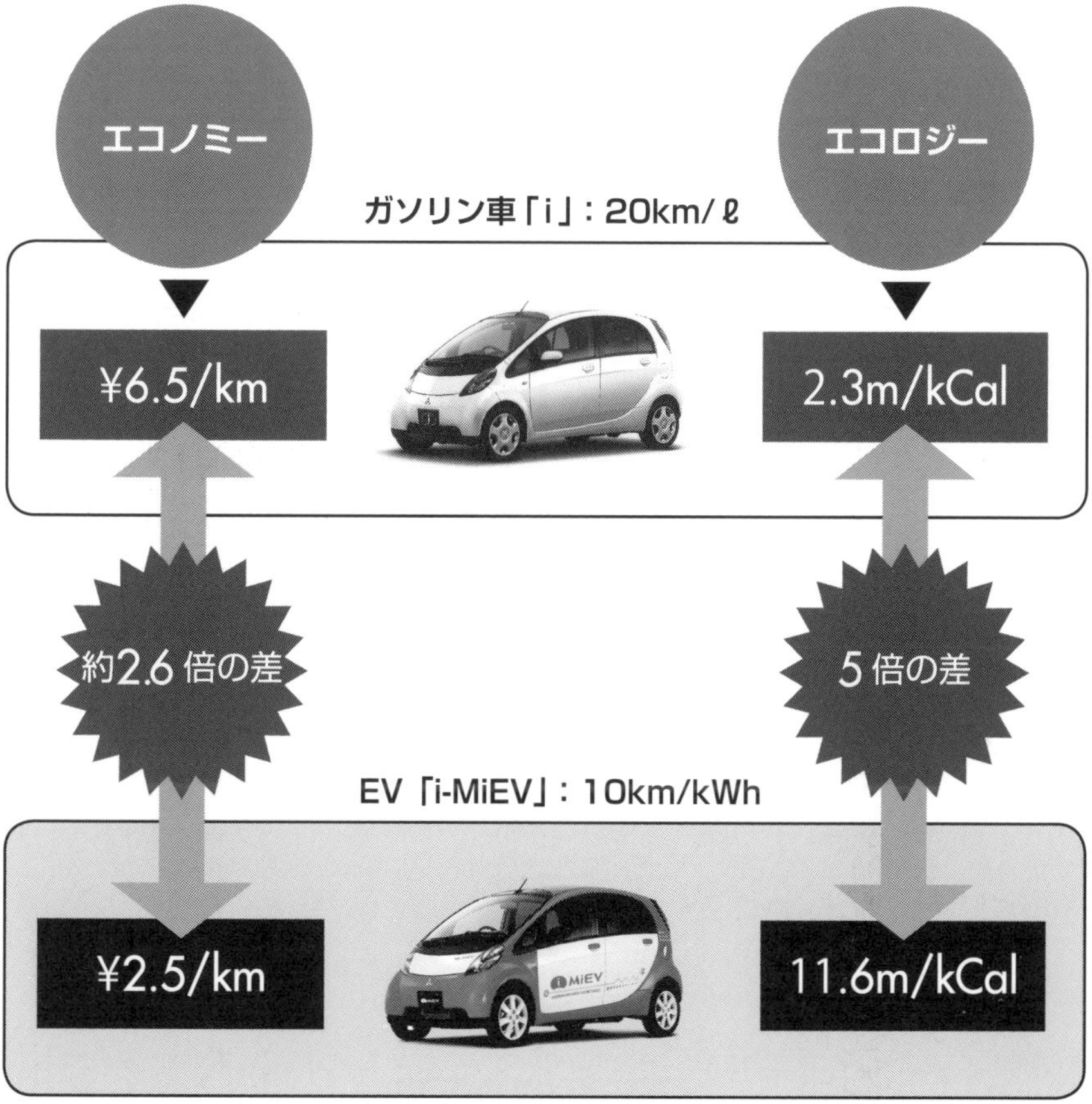

（出所）著者作成

図解EV革命 COLUMN

誰が電気自動車を殺したか？

EVブームは過去に何回か起こっている。前回は、テスラ「ロードスター」発売の2008年から「リーフ」発売の2010年ごろまで。その前は1996~2003年だった。この時のブームのきっかけは、カリフォルニア州のZEV（Zero-Emission Vehicle）規制。

ZEV規制は当初、1998年に主要自動車会社7社に対してカリフォルニア州で販売される自動車の2%、03年には10%をZEVとすることを義務付けるものだった。

真っ先に反応したのがGM。まず、90年1月、GMはロサンゼルス・オートショーでEVコンセプトカー「Impact（インパクト）」を披露。これを発展させて96年までに量産型EVである「EV1」（初代）を完成させ、同年12月5日に納車（リースのみ）を開始した。鉛蓄電池を搭載し航続距離は112~160キロメートル。

1999年には、バッテリーをニッケル水素蓄電池に変更した2代目の「EV1」を導入。航続距離は160~230キロメートルに伸びた。しかし、初代から発火問題などのトラブルが続いたうえ、GMの本気度も疑われた。

紆余曲折を経て、GMは99年に生産を中止。03年末、公式に「EV1」の計画を中止した。合計販売台数は1117台。キャンセルの理由として、GMは高コスト過ぎて採算に合わないなどと説明したが、ユーザーは納得しなかった。さらに問題になったのはそのやり方。GMは単に製造・販売を中止するだけではなく、同年11月には世に出ていた「EV1」の回収を開始。一部の熱心なユーザーから批判の声が上がった。

この「EV1」の顚末《てんまつ》を描いたのがドキュメンタリー映画「Who Killed the Electric Car?」（「誰が電気自動車を殺したか？」）。この映画では、「EV1」計画をキャンセルして、そのほとんどをスクラップにしたGMや圧力をかけた石油会社などを強く批判している。

第一章　ＥＶ革命の衝撃

図解EV革命

5　100年に1度の産業大転換、トヨタの強みが弱みになる!?

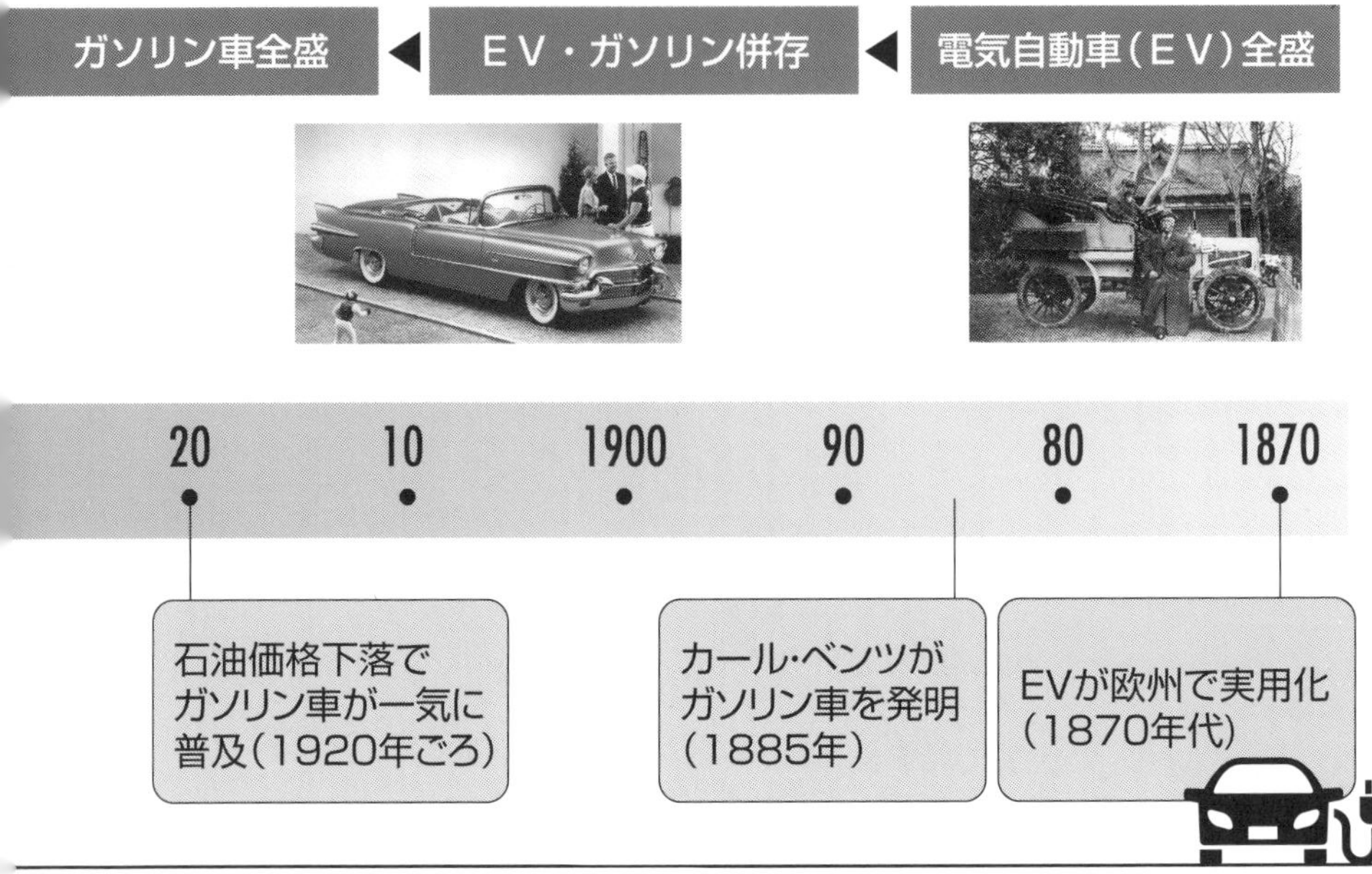
ガソリン車全盛
ＥＶ・ガソリン併存
電気自動車（ＥＶ）全盛
20
10
1900
90
80
1870
石油価格下落でガソリン車が一気に普及（1920年ごろ）
カール・ベンツがガソリン車を発明（1885年）
EVが欧州で実用化（1870年代）

ガソリン車が終わる日

今回のＥＶブームは、「１００年に１度の革命」と言われているが、世に出たのはＥＶの方が先だ。ドイツのカール・ベンツ博士などがガソリン車を初めて製作したのが１８８５年だが、ＥＶの方は１８３０年代に発明されていた。また、時速１００㌖を達成したのもＥＶの方が先だ。乗り心地も静かなＥＶの方がはるかによく、そのまま行けば「自動車＝ＥＶ」となったはずだった。ところが、アメリカと中東で大油田が発見されて原油価格が下落、ガソリン車の方が経済的に有利となり、ガソリン車全盛時代となった。

ガソリン車が普及したもう一つの理由は大幅な技術の改善である。初期の車はスターターがなかったのでドライバーが起動装置を両手で回して始動した。また、マニュアル車時代には、発進の時などによくエンストを起こした。排ガスもひどかった。

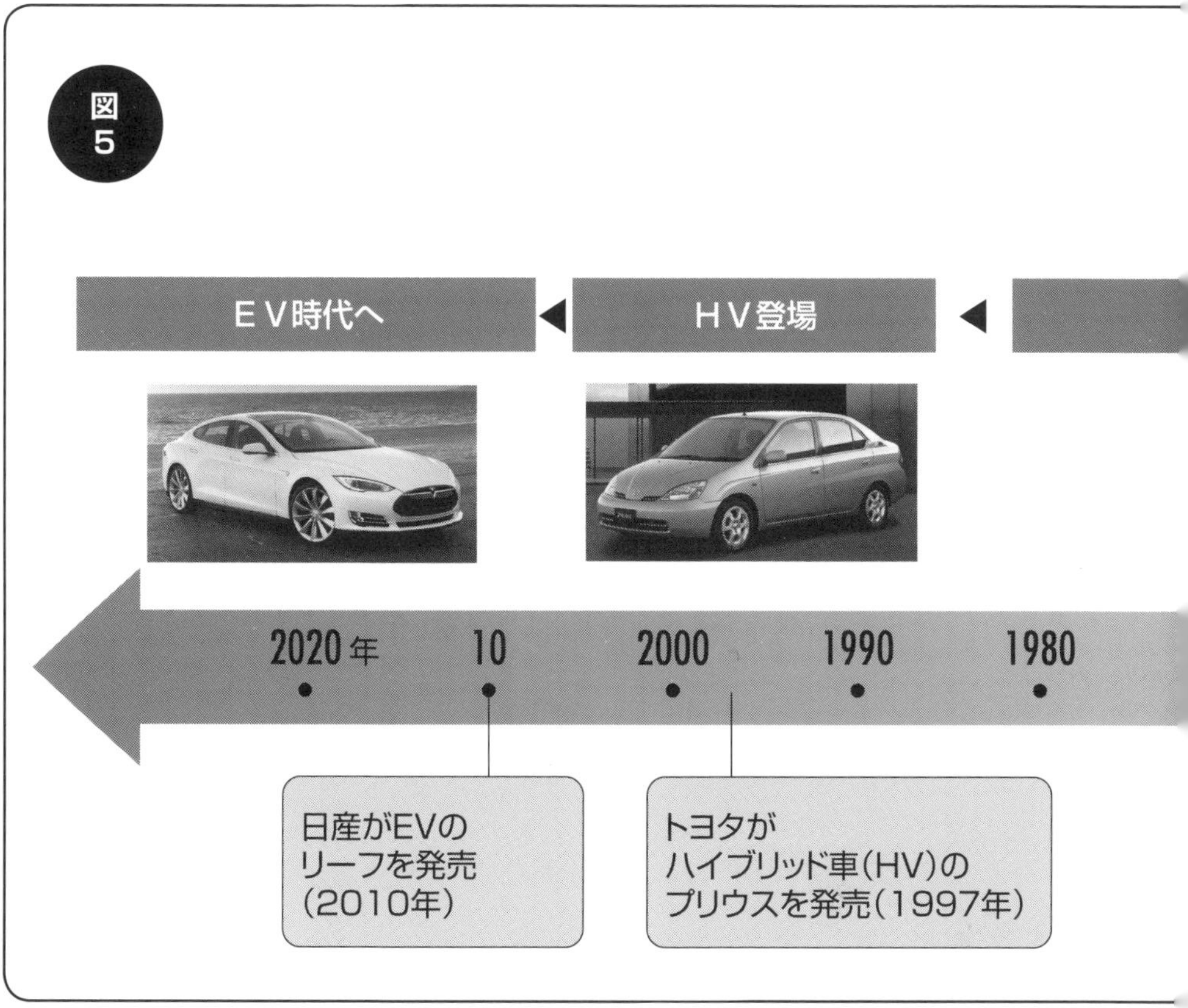
図5
EV時代へ
HV登場
2020年
10
2000
1990
1980
日産がEVのリーフを発売（2010年）
トヨタがハイブリッド車（HV）のプリウスを発売（1997年）

こういう問題が、過去百数十年にわたる技術改善と最近のエレクトロニクス化によって大幅に改善され、スムーズに回るエンジンができたというわけだ。そういうガソリン車において頂点に立つのがトヨタ自動車をはじめとする日本メーカーだ。

ところが、皮肉なことに石油のお陰で大躍進を遂げたガソリン車の時代を今度は石油が終わらせようとしている。二酸化炭素（CO_2）による地球温暖化問題だ。そこで100年ぶりに再登場したのがEVである。

電気モーターは、ガソリンエンジンと比べて構造がはるかに簡単。トルクが強く振動がない上に作りやすい。ということは、そのモーターを使ったEVも作るのが簡単ということになる。これは既存の大メーカーにとっては大問題になる。

ガソリン車ではずっと劣る新興国や新興メーカーでも十分な性能の車を作れることになる。このままでは、日本の自動車メーカーの優位性は消滅してしまう。

6

トヨタ出遅れの理由①「プリウスのジレンマ」

プリウス大成功でEVに遅れた？

これからの自動車産業の方向を示す事件が起きた。２０１６年11月に日産自動車の「ノート」が、車名別新車販売台数で初めて首位に立ったのである。それまで首位だったトヨタ自動車の「プリウス」は3位に後退。１位奪取の原動力は、「ノートe-POWER」である。

ハイブリッド車には、大きく分けて「パラレル」、「シリーズ」の2方式がある。「パラレル」方式では、エンジンとモーターが同時に（パラレルに）車輪を駆動する。対する「シリーズ」では、車輪を駆動するのはモーターだけであり、エンジンは発電して電気を供給するだけだ。主役はモーターであり走行性能的にもＥＶと変わりない。

「ノート e-POWER」は「シリーズ」方式で、通常の発進はエンジンを停止したままバッテリーからの電力のみで行い、発進後はエンジンがかかり、発電しながら、その電気で走り続ける。

一方、「プリウス」は、基本的にはパラレル方式。通常はエンジンだけで走り、馬力の必要な時にエンジンとモーターの両方を使う。主役はエンジンでモーターは脇役だ。

その「プリウス」をプラグイン化（外部から充電できるようにする）した車が「プリウスＰＨＶ」である。

確かに、ガソリン車→ＨＶ→ＰＨＶ→純粋ＥＶは一つの流れだ。しかし、「プリウス」の場合はそう簡単ではない。問題は、エンジンとモーターの両方で最大出力を発揮する構造のパラレル方式では、モーターだけで走るＥＶ走行時には出力が半減してしまうこと。さらに、エンジンを外して「プリウスＥＶ」に進化させると、「プリウス」が誇る複雑で精巧な機構をほとんど捨てることになる。

「プリウス」がＨＶとして完璧であるが故の悩み。

これが「プリウスのジレンマ」だ。

図6 プリウスVS ノート

プリウス VS ノート e-POWER		
	プリウス	ノート e-POWER
ハイブリッド（HV）の方式	パラレル方式	シリーズ方式
駆動方法	エンジンとモーターが同時に（パラレルに）車輪を駆動する	駆動するのはモーターだけ、エンジンは発電して電気を供給するだけである。主役はモーターであり走行性能的にもＥＶと変わりない

「プリウスのジレンマ」とは

完璧なＨＶ車 プリウスの大成功 → ＥＶへの出遅れ

7

トヨタ出遅れの理由②
下請けピラミッド構造のしがらみ

エンジンがなくなる日

トヨタ自動車のEVでの出遅れの理由として、巨大な下請けピラミッド構造とのしがらみがある。トヨタ自動車といえども、部品点数約3万点という自動車全部の技術を持つことは不可能。子会社やグループ企業から購入するのだが、その際に技術的なすり合わせが欠かせない。

これは長い関係の上に構築されたプロセスであり、メーカーにとって重要な無形資産である。そのパワーが特に強大なのがトヨタ自動車。そして、そのすり合わせ技術の多くがガソリンエンジンに基づいたものだ。

トヨタグループの代表格企業はデンソー。前身はトヨタ自動車の開発部門であり、1949年に日本電装株式会社として創業している。売り上げは4兆3000億円に上る。

問題はその主要製品の中に、エンジン関係の部品や機器が多いこと。それらは、冷却機器（ラジエター、冷却ファン、インタークーラー、オイルクーラー等）、エンジン機器（点火コイル、マグネット、ディストリビューター、点火プラグ、排気センサ、燃料噴射装置）などだ。EV時代になると、これらの機器は全て要らなくなる。

アイシン精機の場合も同じ。売り上げ約3兆円で、主な製品の中に、エンジン関連やトランスミッションが含まれる。特に世界トップレベルと言われるオートマチックトランスミッション（自動変速機）が無用になれば、それは痛い。この2社の下に、さらに「デンソー系」「アイシン精機系」といった子会社や関連会社群があり、その下にさらに下請けや孫請け企業が延々と連なる。

ドイツ自動車工業会などは「エンジンがなくなれば、ドイツ国内で60万人以上の雇用が影響を受ける」と試算。日本でも同じだ。

大きくなり過ぎた恐竜は小さな哺乳類に変身することが難しい。それが、今日のトヨタ自動車の姿である。

図7　ピラミッド構造から水平分業へ

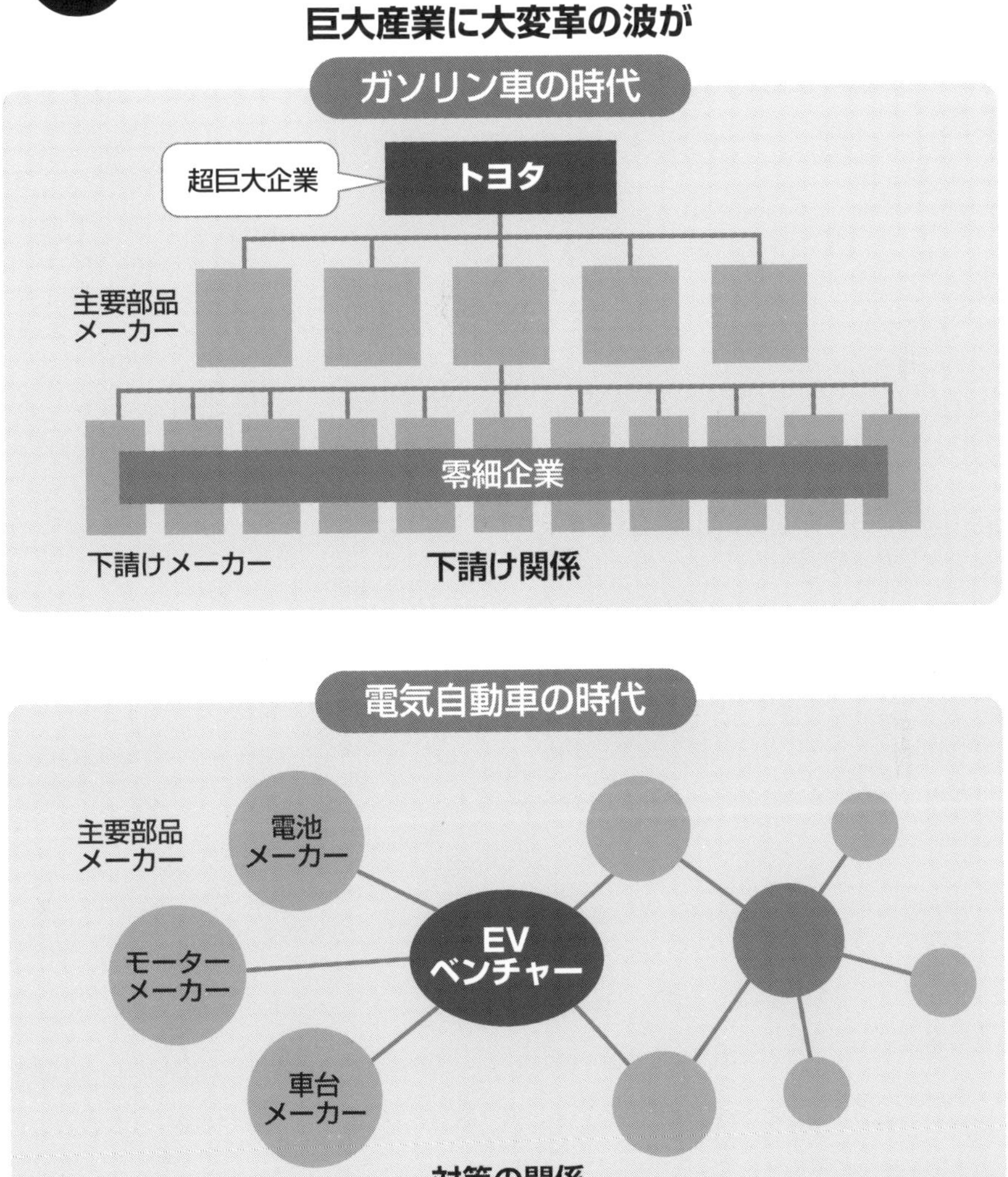

（出所）著者作成

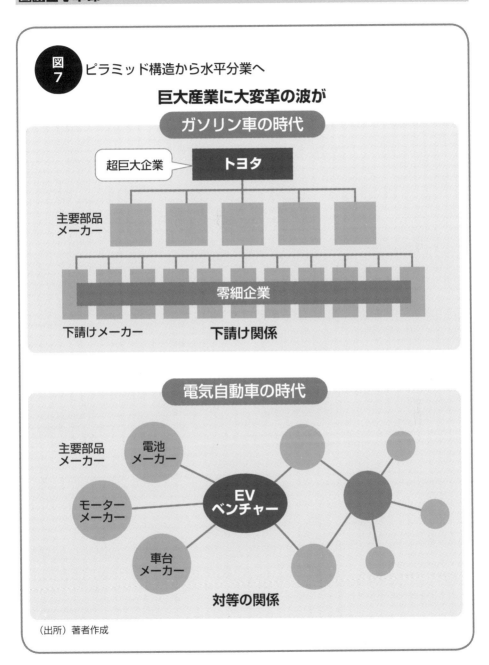

8

燃料電池車「MIRAI」に未来はなし!?

トヨタの燃料電池車（FCV）「MIRAI」

「水素はクリーン」への誤解

　トヨタ自動車が燃料電池車（FCV）の「MIRAI」を発売した時、テスラのイーロン・マスクCEO（最高経営責任者）は「フューエルセル（燃料電池）はフールセル（バカ電池）」と切って捨てた。筆者もFCVは普及しないと言い続けている。

　そもそも、水素についてはいくつかの大きな誤解がある。トヨタのサイトには、「宇宙でいちばん豊富といわれる、クリーンエネルギー、水素」という表現がある。しかし、地球上では、「豊富」も「クリーン」も「エネルギー」も間違いだ。

　確かに、水素は地球上でも豊富ではある（一番ではない）が、そのほとんどが、水などの化合物の形であり、エネルギー源として使える単体の水素（H_2）はほとんどない。従って、水素は水（H_2O）の電気分解、あるいは、天然ガス（メタンガス＝CH_4）の改質などで取得する必要

図8

水素は使いづらい エネルギー媒体

地球には、**エネルギーとして使える分子状水素（H_2）**はほとんど存在しない

取得が難しい

- 化石燃料（天然ガス等）の改質：CO_2が発生する
- 水（H_2O）の電気分解：極めて効率が悪い

輸送・貯蔵・搭載が難しい

- FCVの水素タンクは**700気圧**
- 水素ステーション建設に**数億円**

があるが、そのためにはエネルギーが必要。従って、水素は「エネルギー」そのものではなく、エネルギーを運ぶ媒体でしかない。

　最後に、「クリーン」も怪しい。水素は、使用時におけるCO_2の排出はゼロだが、天然ガスの改質などで水素を得るプロセスでCO_2が排出されてしまうからだ。

　また、ＦＣＶが利便性を発揮するための水素ステーションの整備のペースは極めて遅い。ＦＣＶを後押しする政府は「２０１５年末までに１００カ所」と言っていたが、16年９月の段階で92カ所しかない。

　アメリカはもっと絶望的だ。現在、水素ステーションはたった20数カ所。トヨタ関係者は、「広いアメリカでは航続距離の短いＥＶではカバーできない」と言っていたが、実際には、アメリカのような広い国の隅々にまで水素ステーションを設置するのは難しい。ＦＣＶが「究極のエコカー」という考え方は止めた方が良さそうだ。

9

トヨタがEVへの本格参入を表明

EVでも世界一への号砲

　トヨタ自動車が、EVへの本格参入を明確にした。２０１７年10月に開幕した東京モーターショー２０１７でAI（人工知能）を搭載したEVの「トヨタコンセプト愛i」を発表。２０２０年代前半には、航続距離が大幅に伸びる「全固体電池」の実用化方針を打ち出した。EV時代でも世界のトップメーカーであり続ける意欲を鮮明に示した。

　トヨタは16年11月に豊田章男社長自ら先頭にたってEV開発に着手する方針を鮮明にし、社長の直轄組織「EV事業企画室」発足を発表。ついに重い腰を上げた。その後、「EV事業企画室」は、「先進技術開発カンパニー先行開発推進部」に組み入れられ、事業部内の組織へと改められた。

　しかし、トヨタは決してEVに無関心だった訳ではない。トヨタ自動車は、10年5月にテスラと資本業務提携をし、同社に５０００万ドル（当時のレートで約45億円）を出資。その2年後の12年には両社は共同開発によるSUV「RAV4　EV」（第2世代）を米国で販売した。筆者は理想的なコンビと考え、大いに期待したのだが売り上げは伸びず、すでに生産を終了した。

　結局、トヨタは、16年末までにテスラの保有株を全て売却し、提携関係を解消している。

　トヨタは、２０１７年9月、マツダ、デンソーの3社とEV開発のための新会社を設立すると発表。すでに、トヨタとマツダが8月に資本提携し、EVの共同開発などで合意している。他のメーカーも加わる予定だ。

　「世界のトヨタ」が本気になれば、性能的にはEVでも世界一になれるだろう。後は、世界に誇るHV、FCVを捨てる勇気を持てるかどうかだ。「究極のエコカー」を目指すトヨタは「究極のジレンマ」に直面する。

図9 トヨタ、マツダ、デンソーが共同技術開発

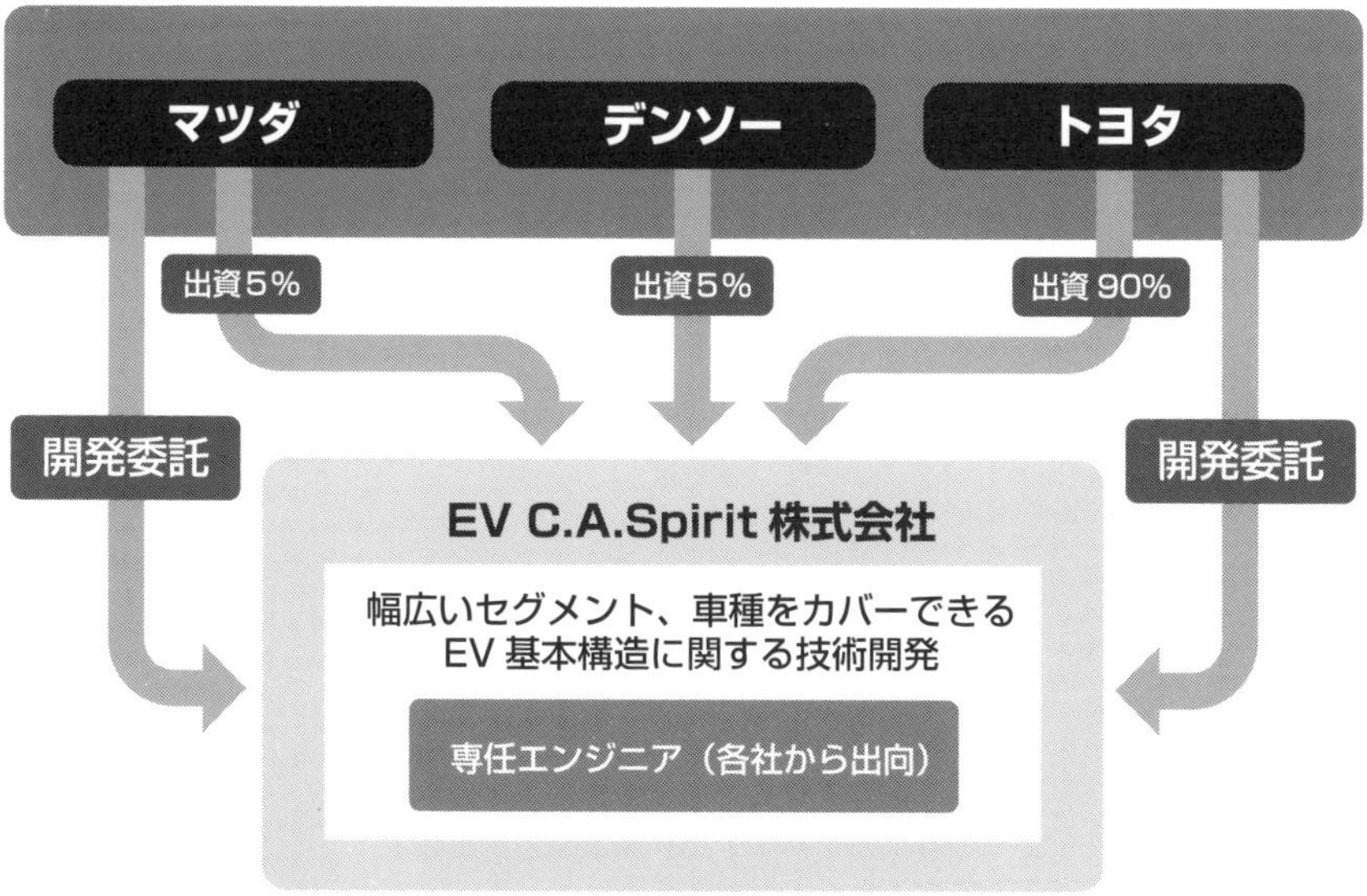

（出所）トヨタ自動車ホームページより

「トヨタコンセプト愛i」

トヨタは２度EVに挑戦している

　トヨタ自動車は、今回のＥＶ化の波には乗り遅れ気味だが、ＧＭ同様、１９９７年には最初のＥＶを導入している。それが「ＲＡＶ４　ＥＶ」（初代）でＧＭの「ＥＶ１」と同じような生涯をたどっている。

　この車も「ＥＶ１」同様、カリフォルニア州のＺＥＶ規制に対応するために導入され、惜しまれながら生産中止になった。リース期間は１９９７〜２００３年で、一部は生産終了後に希望者に販売された。リースおよび販売の合計台数は「ＥＶ１」を上回る１４８４台。

　第２世代の「ＲＡＶ４　ＥＶ」が世に出るのは初代の生産中止から９年後の12年のこと。テスラとの共同により開発された。10年５月、トヨタとテスラはＥＶの開発・生産に関する業務提携を行うことで基本合意し、10年11月のロサンゼルス・オートショーに試作車を出展している。

　12年５月、トヨタは、ロサンゼルスで開催中の第26回国際電気自動車シンポジウム（ＥＶＳ 26）で、２代目「ＲＡＶ４　ＥＶ」を発表した。興味深いことに、その時点では、約５００台の初代「ＲＡＶ４　ＥＶ」がカリフォルニア州内で使われていたという。

　「ＲＡＶ４　ＥＶ」は、クロスオーバーSUV（スポーツ多目的車）である「ＲＡＶ４」のボディをベースに、テスラのＥＶシステムを搭載し、実走行で約１６０キロメートルの航続距離を達成している。価格は４万９８００ドルで、12年夏にカリフォルニア州で発売した。目標は控えめで、３年間で約２６００台を販売する計画であった。

　２代目「ＲＡＶ４　ＥＶ」も初代同様短命で、14年９月には生産を終了。15年４月までに合計２４８９台がカリフォルニア州で販売された。トヨタは元々この車には全力投球していなかったと思われる。トヨタは12年１月に「プリウスＰＨＶ」を、14年12月にはＦＣＶ「MIRAI」を発売しており、エコカーとしては、ＦＣＶとＨＶおよびＰＨＶで対応する方針だったからだろう。

第二章

脱ガソリンで変わる自動車産業

図解EV革命

10　100年ぶりの大転換

自動車の歴史

世界で初めて作られた自動車については諸説あるが、自動車らしく走れたものは、１８０１年にイギリスで作られたのが最初だ。原動機は蒸気機関であり、燃料は石炭だった。

次に登場したのはガソリン車ではなくＥＶ。１８３０年代の終わりごろから簡単なものが何種類か作られたが、１８７３年に、イギリス人のロバート・ダビッドソンが実用的な電気自動車を製造したと言われる。

ガソリン車は、１８８５年、ドイツのゴットリープ・ダイムラーとカール・ベンツにより発明された。しかし、手作りで高価なためあまり普及しなかった。

１８９９年には、フランスで作られたＥＶ、ジャメ・コンタント号が、時速１００キロメートルを超える記録をガソリン車より先に達成。しかし、ヘンリー・フォードが流れ作業によるフォード生産方式を１９００年代初頭に開発し、自動車の主役はガソリン車になった。１９０８年「モデルＴ」を大量生産して史上初のモータリゼーションが起こった。同じ08年には、ライバルＧＭ（ゼネラルモーターズ）が誕生している。

日本の状況はどうか。１９３３年には、豊田自動織機製作所（現在の豊田自動織機）内に、自動車部が開設され、１９３７年にはトヨタ自動車株式会社が設立された。

ここからつい最近までガソリン車全盛の時代が続いたのだが、ＥＶは20世紀末に復活した。まず、96年にＧＭが、カリフォルニア州のＺＥＶ規制に対応するために「ＥＶ１」を発売。

21世紀に入ってからＥＶ革命に火をつけたのはアメリカのベンチャー、テスラ。２００３年に設立され、５年後の08年にテスラ「ロードスター」、12年に「モデルＳ」、17年には「モデル３」を発売。

日本勢も、09年に三菱が「i-MiEV」、10年に日産が「リーフ」を発売した。

図10 自動車の歴史

世界	日本
1800年	
1801年 蒸気自動車発明	
1830年代 電気自動車発明	
1885年 ガソリン車発明	
1899年 世界で初めて時速 100km突破（EV）	
1900年	
1908年 フォード「モデルT」発売 GM 誕生 初のモータリゼーション	
	1933年 豊田自動織機内に自動車部開設
	1937年 トヨタ自動車設立
1996年 GM「EV1」発売	
2000年	
2003年 テスラ設立	
2008年 テスラ「ロードスター」発売	
	2009年 三菱「i-MiEV」発売
	2010年 日産「リーフ」発売
2012年 テスラ「モデルS」発売	
2017年 テスラ「モデル3」発売	2017年 日産新型「リーフ」発売

（出所）著者作成

11

EVで自動車の部品点数が3割減に

日本の全就業者数の9％が自動車関連

自動車は「超」がつく大規模産業だ。トヨタの２０１６年度の売り上げは実に28兆円。３位の日本郵政の２倍だ（２位はホンダで14兆６０００億円）。そのため自動車関連の従事者が多く、自動車販売や輸送業なども含めた就業者数は約５５０万人。日本の全就業者数約６３００万人の９％近くを占める。

製造業に絞って考えると80万人程度で、日本の製造業全体の就業者数約７４０万人の11％近くを占める。重要なことは、80万人のうち、自動車本体の製造に関わっているのは４分の１の20万人弱で、残りの60万人が部品の製造関係であることだ。自動車産業が、多くの部品メーカーの上に車体メーカーが君臨する巨大なピラミッド構造を構成していることが分かる。裾野が広くないと高い山ができないというわけだ。

その巨大なピラミッド構造が今崩れようとしている。それは、ガソリン車からＥＶに転換すると、必要な部品点数が大幅に減るからだ。多くの部品メーカーやその下請け企業が職を失うことになり、まさに死活問題だ。

乗用車の部品点数は３万点以上と言われる。これが「ＥＶになると○割減る」などと言うが、正確に言えば、点数が大きく減るのはエンジン、トランスミッションなどの動力関係であり、ボディ、足回り、ブレーキ、操舵関係はガソリン車もＥＶも基本的に同じだ。動力関係の部品点数は数え方にもよるが１万点弱。それがＥＶになると、一桁少なくなってしまうので、ざっくり言えば、ＥＶ化により総部品点数は３分の２程度に減るということになる。

仮に部品点数の減少分だけ雇用も減るとすると、前述の部品関連雇用60万人のうち20万人が職を失うことになる。そうならないようにＥＶシフトをむしろチャンスと考えて備えていかなくてはならない。

図11 日本の雇用における部品産業の重要性

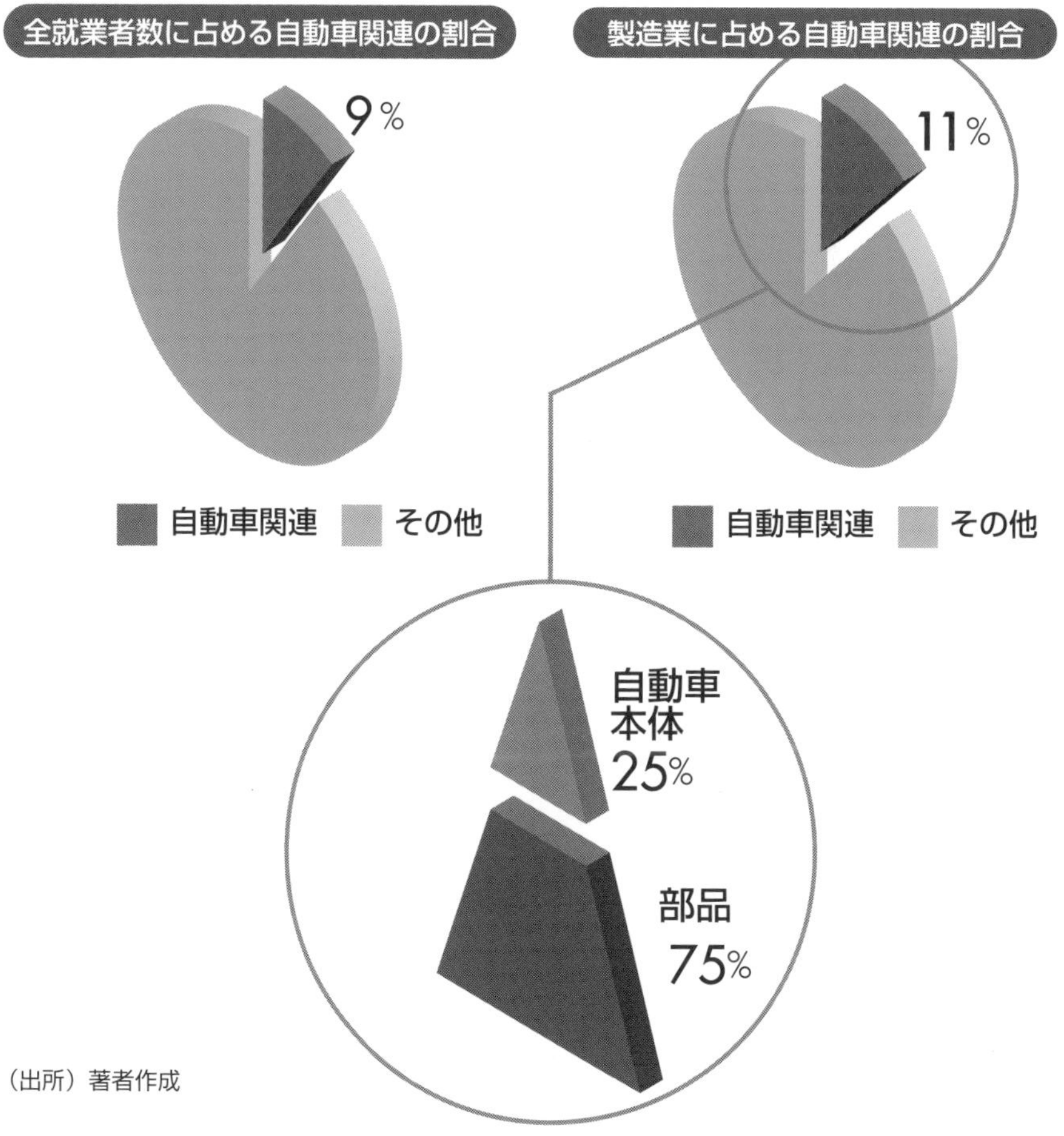

（出所）著者作成

12

EVシフトを明確にした フランス、イギリス、中国

脱ガソリンの動きが加速

各国政府による脱ガソリン車の動きが相次いでいる。まず、２０１７年7月、フランスは、２０４０年までに国内におけるガソリン車およびディーゼル車の販売を禁止すると発表。パリ協定の議長国がCO_2削減の先頭に立つ意義は大きい。

フランスの動きにイギリスが続いた。同じく7月に２０４０年から石油を燃料とするガソリン車とディーゼル車の販売を禁止すると明らかにした。

両国政府の動きの背景として、これまでヨーロッパで普及してきたディーゼル車のエコカーとしての限界が認識されてきたことがある。２０１５年9月のフォルクスワーゲン（ＶＷ）による排ガス不正問題発覚がそのきっかけだが、元々ディーゼル車のCO_2の排出量はガソリン車よりやや少ないというだけなので、エコカーと呼べるものではない。そのため、他のヨーロッパ各国も同様の規制を採用する可能性がある。

さらに中国が２０１７年9月、自動車各社に一定の新エネ車生産を義務付ける新たな環境規制を導入し、ガソリン車の生産・販売禁止の検討を始めたことが明らかになった。この背景には、中国における大気汚染の深刻化がある。

世界最大の自動車市場である中国の「脱ガソリン車」の動きは、各国の自動車メーカーの戦略に大きな影響を及ぼすことは間違いない。

２０１9年にも導入される可能性がある規制案は、各自動車メーカーの生産、販売規模に応じて一定比率の新エネ車生産を義務付ける方式のようで、カリフォルニア州のＺＥＶ規制と同じだ。

メーカーの動きも活発化してきた。スウェーデンのボルボは17年7月、19年以降に発売する全車種を電動化する方針を表明。ドイツのＢＭＷも、全てのモデルに電動車を用意すると発表している。

図12 脱ガソリンの動きが加速

ノルウェー

2025年

全ての新車販売をＥＶ化

イギリス

2040年

ガソリン車とディーゼル車の販売を禁止

フランス

2040年

ガソリン車とディーゼル車の販売を禁止

インド

2030年

全ての新車販売を EV化

中国

2019年

各メーカーの生産、販売規模に応じて
一定比率の新エネ車生産を義務付ける

13

2025年までにEVシフト、先を走るノルウェー

ＥＶが普通に走る国

　フランス、イギリス、中国のさらに先を行くのが北欧のノルウェーだ。ノルウェー政府は、走行時に二酸化炭素（ＣＯ^{2}）を排出しないゼロエミッション車以外の乗用車の新規登録を２０２５年に禁止する方針を決定した。エンジンも搭載するＰＨＶ（プラグインハイブリッド）すら禁止するという急進的なものだ。

　あとわずか8年だが、ノルウェーは、すでにＥＶが普通に走る国になっており、実現するだろう。

　同国内で２０１７年1月に販売された乗用車のうち、ディーゼルエンジンやガソリンエンジンのみを備えた自動車の比率は48・6％となり、初めて5割を切った（ノルウェーの調査会社ＯＦＶが発表）。

　代わりに伸びているのが電動車で、そのうちＰＨＶは20・0％、ＥＶは17・5％、合計すると37・5％に達した。ＥＶの保有台数も順調に増えている。ノルウェー電気自動車所有者協会（Norsk elbilforening）によると、２０１６年12月13日に、国内のＥＶの保有台数が10万台を超えた。ノルウェーの人口は５２０万人だから、人口1億人に換算すれば、実に２００万台。次の目標は２０２０年の40万台だという。

　車種も多様で、日産「リーフ」、テスラ「モデルＳ」、ＢＭＷ「ｉ３」、ＶＷ「ｅ－ゴルフ」などが普及している。

　このようにＥＶの普及が加速した理由としては、ＥＶオーナーへの優遇策が大きい。自動車購入の際の税金や25％もの付加価値税が免除されるなどにより同じ車種ならＥＶの方が安く購入できるし、バスレーンの走行が許されていたり、有料道路が無料といった特典がある。

　充電インフラも充実している。首都オスロでは集合住宅での設置費用を補助するほか、民間企業と共同で商業施設やオフィスビルの駐車場に充電設備の導入を進めている。

図13 ノルウェーのEV優遇策

1990年 自動車取得税／輸入税の無税化	1996年 毎年の道路税の軽減
1996年 市立駐車場の無料化	1997年 2009年 有料道路やフェリーの無料化
2001年 25%の付加価値税の無税化	2000年 社有車の税金の50%免除
2005年 バス専用車線の利用許可	2015年 25%のリースの付加価値税の免除

14

世界で進むハイブリッド外し

プリウスに暗雲

「世界初の量産ハイブリッド車」としてトヨタ「プリウス」が１９９７年12月、誕生した。現在はその４代目。２０１１年９月には「プリウス」の国内累計販売台数が１００万台を突破。全世界での累計販売台数は、16年４月末で約４３７万台に達している。

その「プリウス」の将来に暗雲が立ち込めている。アメリカのカリフォルニア州には、各メーカーは一定比率以上のゼロエミッションビークル（ＺＥＶ）を売らなければならないというＺＥＶ規制があるが、18年モデル（17年秋以降発売）からは、ＨＶはＺＥＶとは認められなくなるからだ。

中国でも政府が手厚い補助金で電動車（ＥＶとＰＨＶ）の普及を後押しするが、ＨＶは対象外。フランスやイギリスでもＨＶは「ガソリン車の一種」とみなされる。

トヨタにとっては一大事だが、「２０００年代半ばまでにCO_2の排出をほぼゼロにしよう」という状況の中ではやむを得ない。ＨＶはモーターも装備しているがそれは脇役で、言わば「究極のガソリン車」。どんなに性能が良くなってもCO_2の排出はゼロにはならない。

これまで、トヨタ自動車は、エコカー戦略として、「全方位品揃え」対応を表明し、ＨＶを中心に据え、将来的に「究極のエコカー」と称するＦＣＶ（燃料電池車）に移行する戦略である。ＥＶに対しては電池の高コストや航続距離の短さを理由に消極的だった。

しかし、テスラが16年８月に発売した「モデルＳ」は航続距離が約６００キロメートル。17年７月発売の大衆向け「モデル３」も約３５０キロメートル走れる。

これで「究極のエコカー」争いは決着した。皮肉なことにモーターを搭載したプリウスが世に出たことでＥＶ化の流れが始まった。今、トヨタに必要なのはプリウスからの卒業だ。

図14 「プリウス」がエコカーでなくなる

順風の時代

1997年 12月	プリウス（初代）発売
2011年 9月	国内累計発売 100 万台突破
2016年 4月	世界累計発売 437 万台

↓ 「エコカー」の代名詞に

逆風の時代

2017年	カリフォルニア州 ZEV 規制（2017 年秋から）
2019年	中国新エネカー規制
2025年	ノルウェー内燃機関車販売禁止
2040年	フランス・イギリス内燃機関車販売禁止

↓

「エコカー」でなくなる！

（出所）著者作成

15

国策「水素社会」にも未来なし

世界で孤立しつつある

　トヨタ自動車が一般向けにＦＣＶ「MIRAI（ミライ）」の販売を開始したのは２０１４年12月のこと。しかし、期待に反して過去3年間に国内で売れたＦＣＶは２０００台未満。水素ステーションの整備も進んでいない。

　このような状況を打開するため、17年5月、トヨタ自動車、日産自動車、ホンダなど自動車メーカーのほか、エネルギー企業、商社、金融機関など11社が水素ステーションの本格整備に向けた新たな協業の検討の開始を発表した。

　政府も後押ししている。まず、14年に「水素・燃料電池戦略ロードマップ」を経産省が発表。東京オリンピックが開かれる２０２０年度までに水素ステーション１６０カ所を整備し、ＦＣＶを4万台普及させるなどの目標を掲げている。

　続いて、経産省はＦＣＶに関する規制見直しを議論する検討会の初会合を17年8月に開いた。水素ステーションなどに絡む規制を緩和して整備を加速し、ＦＣＶの普及を促すのが狙いだ。

　しかし、水素は扱いが極めて難しくＦＣＶの本格普及は望めない。また無理な戦略のため、日本が世界で孤立しつつあることも問題だ。海外メディアの論調は極めて冷ややかで、「他国に売れない技術を開発しても日本市場がガラパゴス化するだけ」とのコメントもある。

　日本市場の規模は、わずか５００万台。中国、アメリカ、ヨーロッパの合計６０００万台の市場が一斉にＥＶに向かって舵を切る中、小さな日本市場だけで普及させようとしても到底無理。世界中に水素ステーションを設置することも不可能だ。

　結局、原子力発電における「もんじゅ」のように、金（税金を含む）と労力をつぎ込んだ末に撤退に終わる可能性が大である。

図15 国策「水素社会」にも未来なし

政府の後押し：2020年度までに

- 水素ステーション 160ヵ所
- FCV 4 万台普及

水素ステーション

- 目標：2015 年までに 100ヵ所
- 実態：2017 年月現在 92ヵ所
- アメリカの水素ステーションは20数ヵ所

日本市場は、中国の 5 分の1以下、アメリカの3分の１以下

↓

ガラパゴス化!?

16

ＥＶ市場参入の３つの壁の崩壊

価格、距離、充電

ＥＶの普及には「３つの壁」（価格、航続距離、充電時間）があると言われてきた。その1が価格。２００９年に日本で最初の量産型ＥＶとして発売された三菱「i-MiEV」は、軽自動車のサイズにもかかわらず４６０万円。政府の補助金１３０万円を使っても３２１万円であった。しかし、17年10月に発売された日産の新型「リーフ」は、普通車サイズで３１５万円。補助金40万円を活用すれば２７５万円まで下がる。トヨタ「プリウス」の２４３万円と比較するとまだ割高だが、かなり追いついた。

ＥＶの高価格の原因はバッテリー。だから、バッテリーの価格さえ下がればガソリン車より安くなる。例えばブルームバーグ・ニュー・エナジー・ファイナンス（ＢＮＥＦ）の調査によると、25年ごろにはＥＶがガソリン車より安くなると予測されている。

次に航続距離。初代「リーフ」の実用上の航続距離は１４０キロメートルしかなかったが（カタログ上は２００キロメートル）、18年に導入予定の新型「リーフ」の上級モデルでは実力で４００キロメートル程度に達しそうだから、十分実用的なレベルになる。

残るは充電時間だが、こちらはそう簡単ではない。速く充電しようとすれば電圧と電流を高くすれば良いのだが、技術面、コスト面の制約がある。さらに、充電されるバッテリーの側も速すぎる充電には耐えられない。従って、現在30分かかっている急速充電自体を劇的に速くすることは難しい。

そこでライフスタイルを変えることが必要だ。普通充電を使う場合、「8時間もかかる」と考えず、「寝ている間にやれば良い」と割り切れば、気持ちの上では「充電時間ゼロ」だ。実際、ＥＶ大国ノルウェーでは、ほとんどのユーザーがそういうやり方でＥＶを使いこなしている。

図16 EV 普及の３つの壁の崩壊

充電時間が長い
夜に充電する
ライフスタイルへ
価格が高い
2025年にはＥＶが
ガソリン車より安くなる
航続距離が短い
2020年代には
ガソリン車に近づく

（出所）著者作成

図解EV革命 COLUMN

超小型EVの実用化に期待

EV時代に普及しそうなのが、1～2人乗りの小型電動車。まずは、ミニカー。道路交通法において総排気量50cc以下又は定格出力0・6キロワット以下の原動機を有する普通自動車をいう。道路交通法と道路運送車両法の2つの法令に規制されるので、ちょっとややこしい。

まず、道路交通法により、ミニカーは1人乗りに限定され、その運転には普通自動車以上の運転免許が必要である。同法上は「普通自動車」だから、二段階右折やヘルメット着用の義務はなく、法定速度は60㎞／h（時速60キロメートル）である。

一方、道路運送車両法によれば、この車両は、原動機付自転車の扱いとなる。つまり、こちらの法律では「自動車」ではないから、シートベルトの設置義務や車検、車庫証明が不要。その代わり、高速道路や、自動車専用道路を走行することはできない。

スクーターのような軽便さに加えて、キャビンが密閉式になっているタイプなら風雨に晒されないという利点があるので、買い物用、あるいは配達用などとして使用されている。現在、市販されているミニカーEVの代表格はトヨタ車体の「コムス」。

ミニカーは手軽だが、1人乗りでは使い勝手が悪い。そこで、自動車各社やベンチャーが期待するのはミニカーの2人乗りバージョンだ。12年5月、政府が道路運送車両法上の新カテゴリーとして、軽自動車と二輪車の中間に「超小型車（超小型モビリティー）を加えることを検討していると報道された。これを受けて、日産自動車から「ニューモビリティーコンセプト」、トヨタから「i-ROAD」、ホンダから「MC-β」などが発表されている。

しかし、道路運送車両法に「超小型車」が追加されても、道路交通法との整合性の問題など課題が多く、超小型車の実用化はいまだめどが立たない状況だ。そのため、トヨタ車体は、1人乗り「コムス」をミニカーとして販売しているが、2人乗りの「コムスT・COM」も開発中だ。

第三章　中国　急成長するＥＶ市場

17 中国が世界のEV市場をリード

世界市場の半分を占める中国

加速する自動車の電動化。その中心は間違いなく中国だ。ＩＥＡ（世界エネルギー機関）のレポート「Global EV Outlook 2017」によると、２０１６年の世界のＥＶ販売台数（ＰＨＶを含む）は約75万台。そのうち中国が33万台強でダントツの1位。全体の実に44%を占めた。

2位はアメリカで16万台。テスラを擁するアメリカが中国の半分である。日本は6位で約3万台。ヨーロッパ全体で21万５０００台。中国、アメリカ、日本、カナダ、ノルウェー、イギリス、フランス、ドイツ、オランダ、スウェーデンの10カ国が世界の95%を占める。

新車販売に占める割合が一番高いのはノルウェーの29%。次いで、オランダ６・４%、スウェーデン３・４%など。フランス、イギリスが１・５%程度だ。中国も総販売台数２８００万台に対して33万台だから約１・２%。日本は約５００万台の内の3万台で1%にも満たない。「i-MiEV」（09年）「リーフ」（10年）を発売した時点では世界のリーダー役だったのだが、最近では世界の趨《すう》勢《せい》にやや遅れ気味だ。

電動車（ＥＶ＋ＰＨＶ）の保有台数では、世界全体で16年に２００万台を超えた。15年に１００万台を突破したばかりなのですごい勢いだ。ここでも中国が世界の約3分の1の70万台弱を占めて1位。アメリカが2位、日本が3位という順だ。中国とフランスでは電動車の中でも純粋ＥＶの比率が高く（約75%）、対照的にオランダ、スウェーデン、イギリスではＰＨＶの方が多い。

このように、世界を圧倒する中国だが、中国にはこれら「正規の」電動車以外に、約2億台の電動2輪車と３００万～４００万台の「低速電動車」が走っている。こういう人たちにとっては、正に「乗り物=電動」なので、所得が上がれば、自然にＥＶのユーザーになるだろう。

図17 世界の電動車（EV＋PHV）保有台数

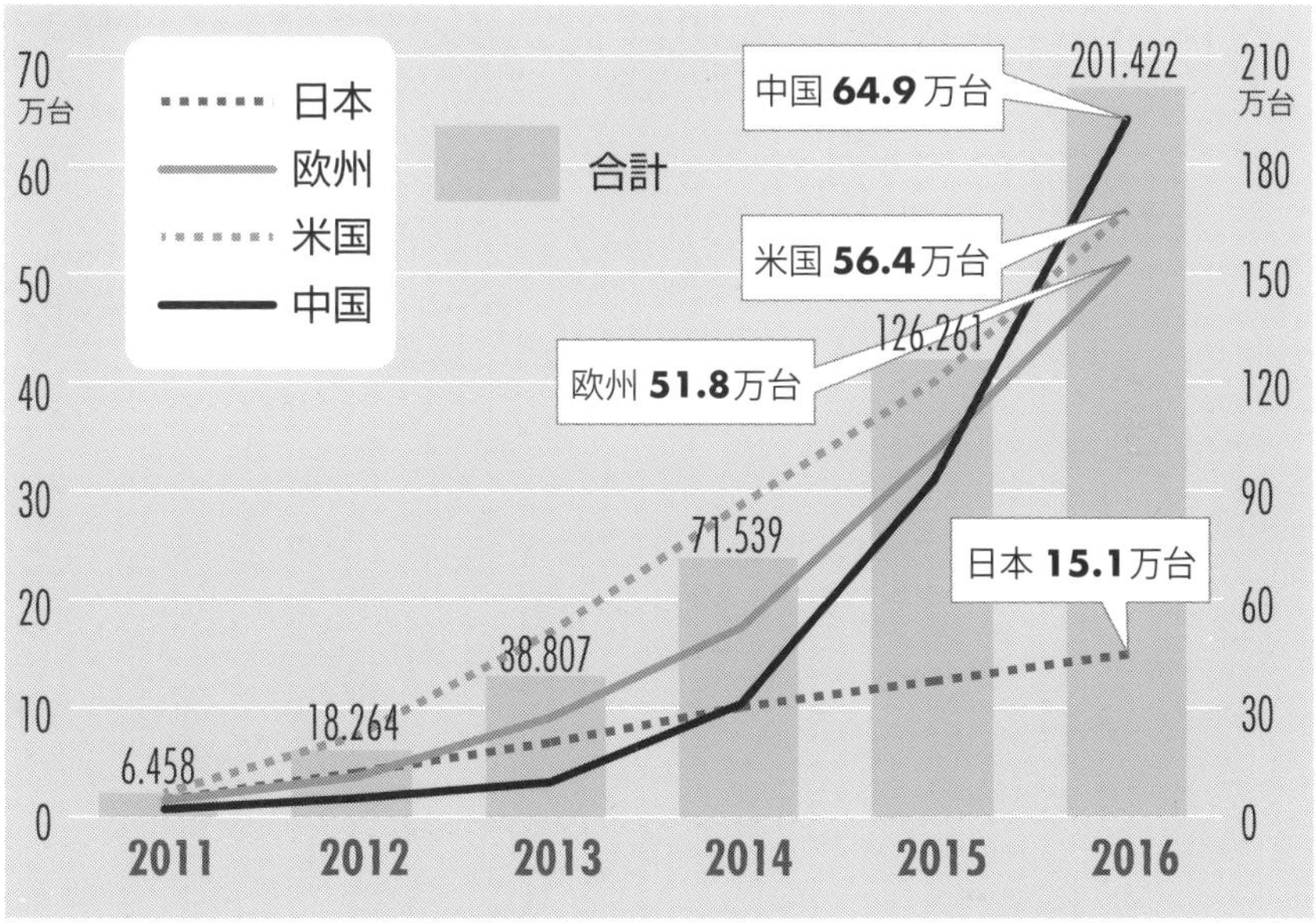

（注）欧州はノルウェー、オランダ、英国、フランス、ドイツ、スウェーデンの合計。
世界エネルギー機関のデータを基に作成

上海国際モーターショーで発表された中国の電気自動車メーカーＮｅｘｔＥＶのＮＩＯ「ＥＰ９」は、独ニュルブルクリンクでＥＶ世界最高ラップタイムを誇る（2017年４月20日、中国・上海、共同通信）

18 EV大国・中国

新興勢力が台頭

中国の２０１６年の自動車販売台数は約２８００万台。世界最大の自動車市場だ。その規模は2位、アメリカ（約１８００万台）のおよそ1・5倍。日本（約５００万台）の5・6倍だ。その２８００万台の1％以上の約33万台がすでに電動車となっていて、数年後には年間販売台数が１００万台に達すると予想される。まさに、中国は「ＥＶ大国」である。

中国がＥＶ大国なのは、山が高いだけではない。その裾野の広さにも驚かされる。中国にはこれら「正規の」ＥＶの他に「低速電動車」と称するものが走っている。一番多いのは山東省の農村で、ＮＨＫの番組「自動車革命～スモール・ハンドレッド新たな挑戦者たち～」（09年10月25日放送）でも紹介された。

その数、実に３００万～４００万台。手作りというか農家の納屋を改装した「工場」で作っている。バッテリーは安価な鉛で、「低速」というぐらいだから最高時速は平地で大体40キロメートル。ちょっとした坂でも止まってしまう。しかし、驚くべきはその低価格で、この番組では13万円と紹介された。

ボディは強化していないプラスチック製で、ちょっとぶつかっただけでも壊れてしまう。しかし、自動車に乗ったことのない農村の人々にとっては大変貴重な乗り物だ。

この番組のタイトルの一部である「スモール・ハンドレッド」は筆者の造語。ガソリン車の時代には「ビッグスリー」に象徴される少数の大メーカーが市場を支配したのに対し、ＥＶの時代には「スモール・ハンドレッド」つまり小さな何百というメーカーが活躍する、という意味だ。極端な例ではあるが、農家の納屋で、わずか13万円で作れるほど簡単なのがＥＶというわけだ。

このように部品が少なく構造も簡単なＥＶは新興の中小企業でも安価に作れるようになる。

図18 国別新車登録・販売台数（上位10カ国）

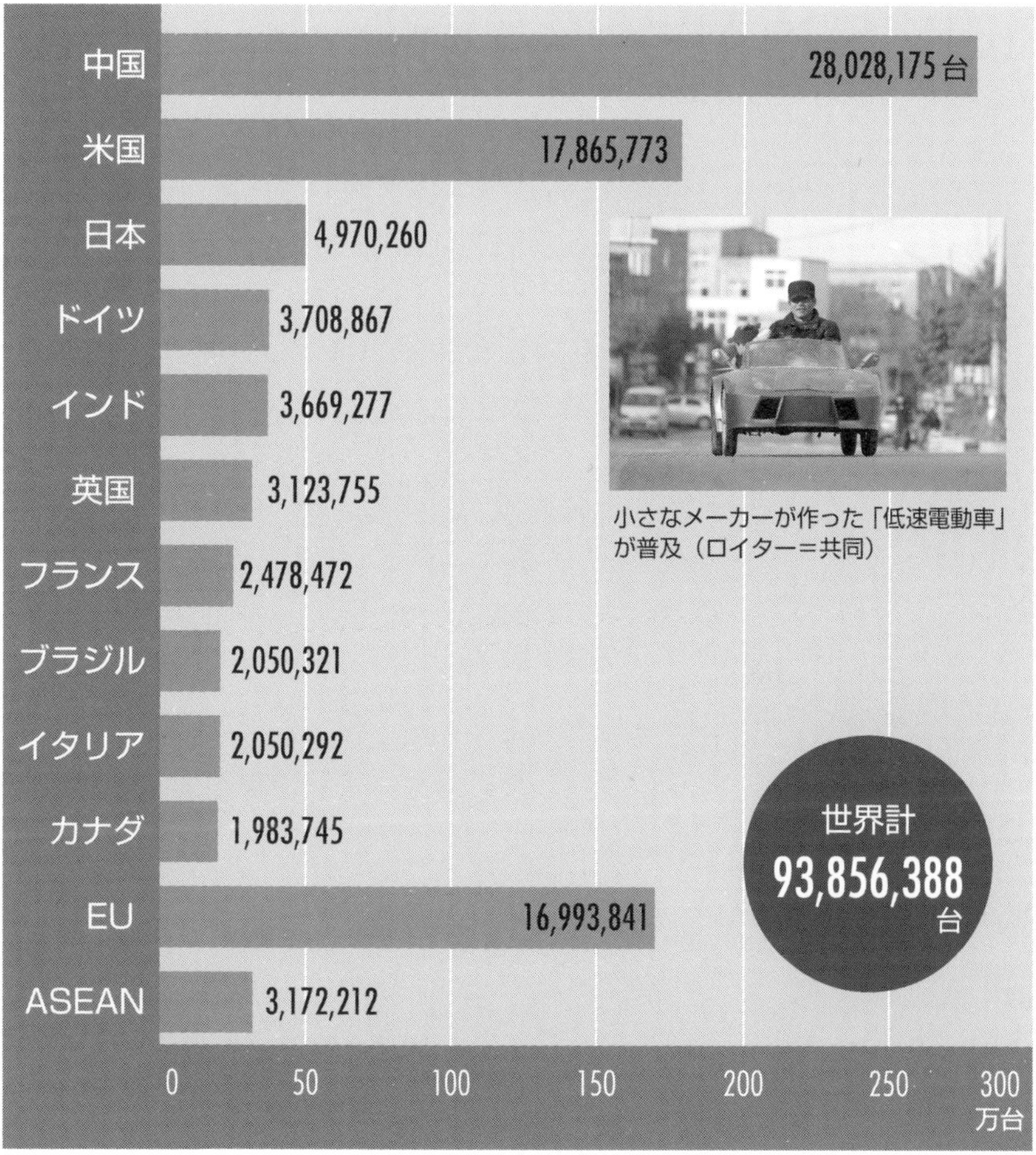

小さなメーカーが作った「低速電動車」が普及（ロイター＝共同）

（出所）国際自動車工業連合会（ＯＩＣＡ）

19

EV普及は中国の国策

千載一遇のチャンスにかける

なぜ中国でＥＶの販売が急速に伸びているのか。それは中国政府が、国策としてＥＶ導入を促進しているから。そのため、さまざまな優遇策が設けられている。

優遇策のうち代表的なものが、ＥＶの購入者に支払われる補助金。日本円にして最大で１００万円余りが支給されるので、４００万円するＥＶでも購入者の負担は３００万円以下にまで下がる。

また２０１９年から、カリフォルニア州のＺＥＶ規制に似た制度が導入されそうで、自動車メーカーは一定比率（初年度は10％）以上の電動車（ＥＶおよびＰＨＶ）を販売することを義務付けられる。未達成のメーカーにはペナルティが適用される。

さらに、中国政府は、将来的には、フランス、イギリス、ノルウェーなどと同様、ガソリン車やディーゼル車の新車販売を禁止する措置を検討していることを明らかにしている。

さて、この「国策」。大気汚染の拡大を食い止めることが目的、ということになっている。それが主たる目的の一つであることは間違いないが、他にも理由がありそうだ。

自動車産業において、先進国に一気に追いつき追い越したい中国にとって、ＥＶの出現は千載一遇の大チャンスだ。ガソリン車では、過去１００年間の蓄積を持つ先進メーカーには、技術面でも、ブランドイメージでも敵わない。

しかし、ＥＶは構造が簡単。しかも、勝負の土俵が、モーター、バッテリーなど、自動車固有でない技術に移っているから、ハンディキャップがない。それどころか、先進国では、部品メーカーとのしがらみがあってＥＶにシフトしにくいが、歴史の浅い中国でははるかにやりやすい。

さらに、石油の輸入を減らしたいというニーズもありそうだ。電力の需要増加分を太陽光、風力で賄えるようになることを願っている。

図19 EV普及は中国の国策

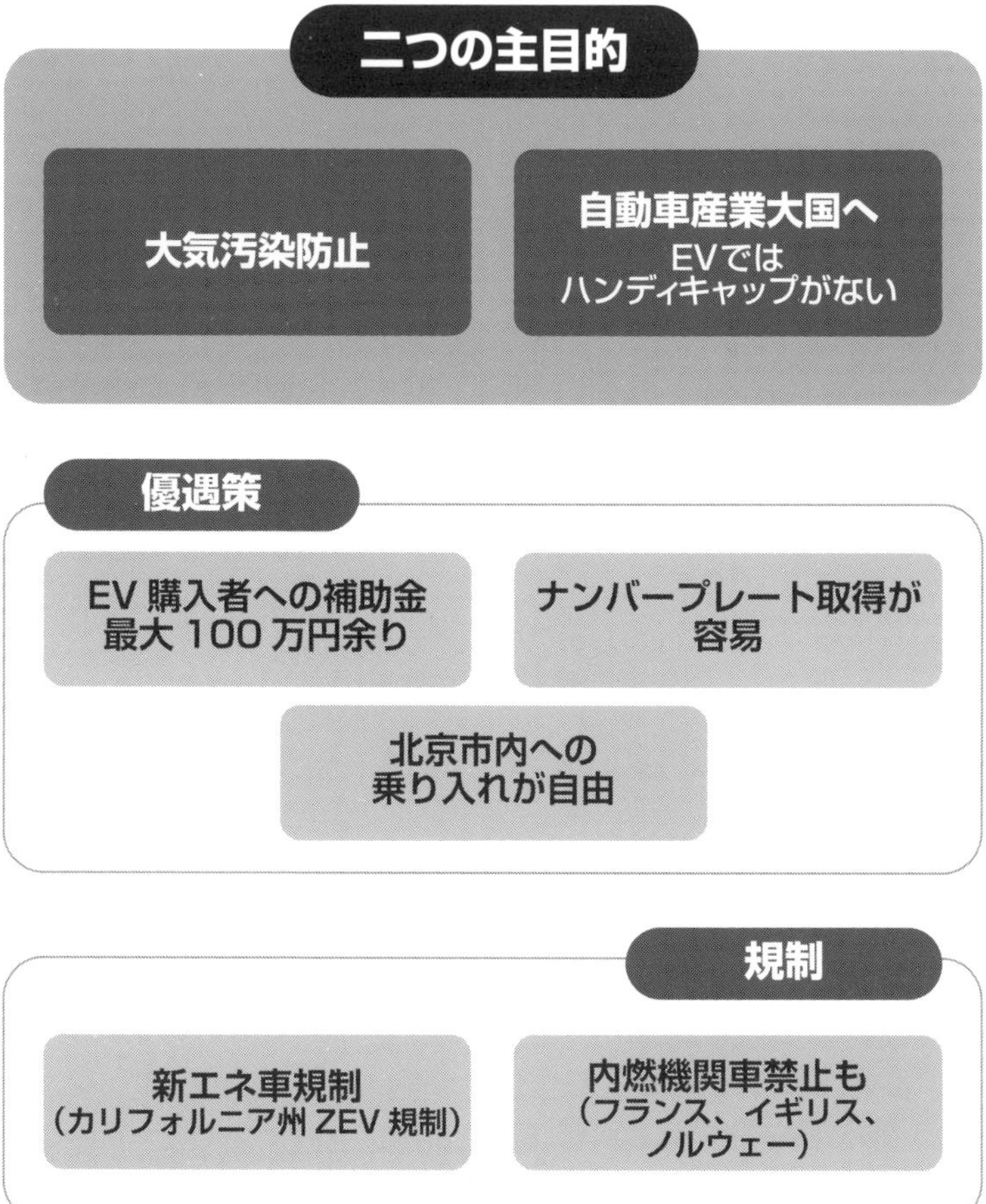

（出所）著者作成

20 EVは自動車購入の規制外

ナンバープレートの取得が容易

中国におけるＥＶ優遇策は補助金だけではない。まず、購入時のナンバープレート取得が大幅に容易になる。北京では、自動車を購入する前にナンバープレートを取得する必要があるが、交通渋滞と大気汚染を抑制するため、２０１１年1月から発行できるナンバーの数に制限が設けられた。北京の他にも、上海、広州、天津などでも同様の制限が設けられている。

上海の場合は、オークション制になっており「金でナンバーを買い取る」ことになる。この落札価格が１２０万円とかになり「車両価格より高い」として話題になった。一方、北京では、ナンバーを取得できるかどうかは１５０倍（時には６００倍）とも言われる抽選による。つまり、抽選に当たらない限りいくら金があっても自動車を購入できない。

しかし、ＥＶは規制の対象外で、いつでもナンバープレートの交付を受けられる。実際、ガソリン車を買おうとして何年も待たされた人がＥＶに変えたらすぐに取れたという例が報告されている。

購入したあとにも優遇策は続く。北京では、08年10月からナンバー別の走行規制を行っている。これは、北京五環路（北京市中心部から10キロメートルほど外周を通る環状道路）より内側の北京市中心部で、平日朝7時から夜8時までの日中に走行できる車両をナンバーによって制限するもの。

具体的には、5桁のナンバーの下1桁の数で、曜日ごとに道路を走れる車と走れない車が決められる。例えば、月曜日の場合、末尾ナンバーが1と6の車、火曜日は2と7、水曜日は3と8、という具合。面白いのは、何曜日に規制を受けるかは時期によって変わっていること。

全ての車のオーナーが週に1回だけ車を利用できないことになるのだが、ＥＶはその対象外で、いつでも制限なく道路を走ることができる。

図20 中国のEV優遇策

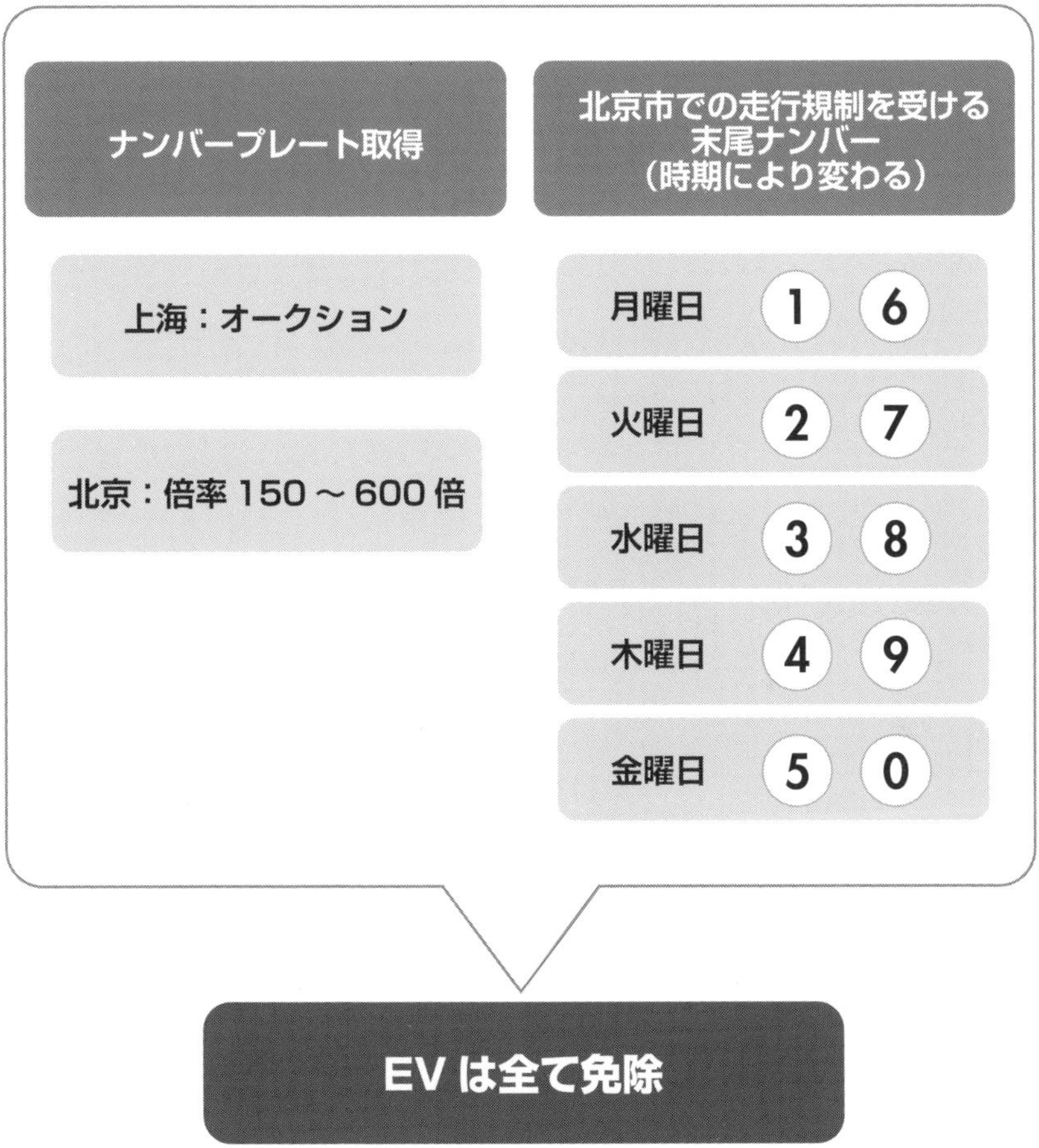

（出所）著者作成

21 EVメーカーが群雄割拠

大チャンスに乗るEVベンチャー

中国の自動車メーカーは、ＥＶ推進の国策を大チャンスと捉えている。その代表格が深圳《しんせん》に本拠を置くＢＹＤ。変化に対応するより、自らその変化を作ってきた先進的企業である。

元は１９９５年設立のバッテリーメーカーで、リチウムイオン電池の製造で世界第3位。中でも、携帯電話用では世界第1位だ。その会社が２００３年に子会社であるＢＹＤオートを設立してＥＶ事業に参入。ＢＹＤ本体に投資家のウォーレン・バフェット氏が出資して話題になった。

そのＢＹＤオートは、設立5年後の08年12月に世界初の量産型ＰＨＶ「F3DM」を発売。11年には純粋ＥＶ「ｅ６」を発売した。「ｅ６」は今でも深圳市などでタクシーとして使われている。

15年に発売されたＳＵＶタイプのＰＨＶ「唐（Tang）」は、16年に約３万１０００台販売され、中国製電動車のトップセラーになった。中国で第2位もＢＹＤの「秦（Qin）」、3位も同じく「ｅ６」であった。16年のＢＹＤオートの中国における電動車両の合計販売台数は、約９万６０００台。メーカー別でもシェア1位に立っている。

中国で注目すべきはＢＹＤだけではない。近年、蔚来、楽視、小鵬、前途など、10社以上のインターネット関係企業がＥＶ製造に参入している。中でも注目を集めているのが蔚来汽車（ネクストＥＶ）。17年４月、「上海モーターショー２０１７」で、新しいＥＶとしてＳＵＶ「NIO ES8」を発表。17年末に発売し、18年から中国国内で出荷する予定。特筆すべきは、電池交換方式を採用していることだ。

楽視網信息技術も16年10月、サンフランシスコで開催したイベントで、ＥＶ試作車「LeSee」を展示。その他、小鵬、前途なども17年内にＥＶの量産を開始するとしている。

図21 中国のEVベンチャー群

BYD：EV世界一

- 1995年 BYD設立（ウォーレン・バフェットが出資）
  （リチウムイオン電池世界3位）
- 2003年 BYDオート設立
- 2008年 F3DM
- 2011年 e6
- 2013年 秦
- 2015年 唐
- 2016年 宋
- 元

BYDに続く者達

- 蔚来　NIO ES8
- 楽視　LeSee
- 小鵬
- 前途
- ⋮

（出所）著者作成

22

中国メーカーが圧倒的に有利に

世界の電動車販売の40％以上

世界的なＥＶ化の大波。その覇権を巡って世界のメーカーが激しい戦いを始めているのだが、圧倒的に有利な立場にいるのは中国メーカーだ。

まず、ＥＶの場合には、ガソリン車に比べて技術的難易度が低く、日米欧のメーカーに対するハンディはずっと小さくなる。実際、航続距離など、すでに中国メーカーの方が優っている点も少なくない。また、ＥＶで必要なエレクトロニクスや情報通信技術、さらにバッテリー製造において中国の存在感が増している。

決定的なのは、中国市場が世界の30％近くを占める巨大市場であること。しかも、その比率はＥＶではさらに高くなり、２０１６年には世界の電動車販売台数の40％以上を占めた。その巨大市場が国策の後押しでＥＶ化を加速させる。

中国政府は、20年に新エネ車（電動車）の生産台数を市場全体の７％に相当する２００万台超、２０３０年には40％の１５００万台以上に引き上げる目標を掲げている。そして、中国ではＢＹＤや蔚来、楽視のような新興企業だけでなく、既存の大手メーカーもＥＶのラインアップを強化している。

中国メーカーにとって中国市場は自国市場だから、外資系よりも有利な展開ができるのは当然。外資系も投資を増やし、その結果、世界の市場が中国を追う形となる。つまり、中国市場が世界標準となるわけだ。

中国における自動車の普及率がまだ低いことも自動車産業のＥＶ化にとっては有利な条件だ。アメリカは10人に8台、日本は6台だが中国は2台にも届かない。だから、これから初めて所有する車がＥＶ、という人が多くなる。

彼らにとって、ガソリン車からＥＶへという意識改革は必要ない。「自動車＝ＥＶ」なのだから。

図22 中国メーカーが圧倒的に有利

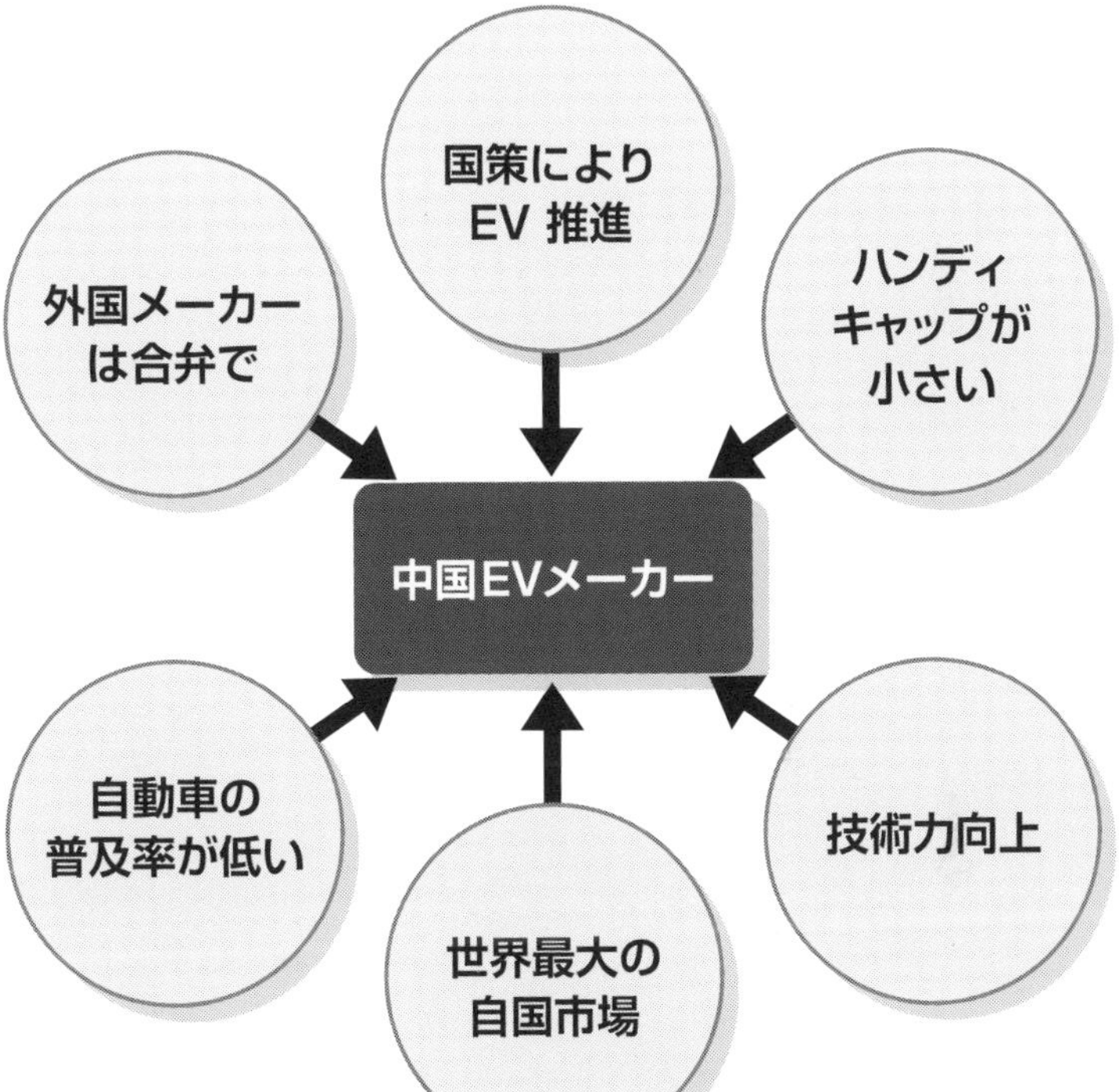

（出所）著者作成

23 EV大国化のツケは外国企業に？

テスラが中国で現地生産を検討

世界最大の自動車市場である中国がＥＶ志向を鮮明にしたことは、世界の自動車業界にショックをもたらした。中国政府から、「巨大市場で売りたければＥＶ関係の投資をしなさい」という通告を受けたことになるからだ。しかも中国への投資に当たっては中国メーカーと組まなければならないので、技術の流出も心配だ。

　世界の自動車メーカーにとっては大変な負担増だが、従うしかない。最近、中国市場にＥＶ関係の投資をしようとするメーカーが相次いでいる。その代表格が中国でトップシェアを誇るドイツのフォルクスワーゲン（ＶＷ）。２０１７年５月に安徽《あんき》省《しょう》の自動車メーカーと、合弁会社を設立することで合意した。

　テスラも、上海市政府との間で現地工場の建設に向けて協議していることを明らかにしている。テスラは14年に中国市場に参入。16年の売上高は前年の3倍以上に拡大し、いまや本国アメリカに次ぐ大きな市場として重要性を増している。

　実際、テスラは中国でも人気が上昇中で、筆者も深圳で「モデルＳ」や「モデルＸ」が走っているのを見かけた。しかし、中国に自動車を輸出する際には25％という関税がかけられており、これが外国製自動車の価格を押し上げている。そこでテスラは、中国でＥＶを生産することで関税の影響を排除しようとしている。

　日本勢も、ホンダが18年から中国市場に新型のＥＶを投入するほか、日産も中国の東風自動車と新会社を設立し、19年から現地生産に乗り出す計画だ。

　中国に現地法人を立ち上げることになると、原則として中国企業との合弁しか方法がないのが現状だが、テスラの参入を機会に、中国政府がこの基準を緩和するとの見方が出ている。

図23 中国参入は合弁に限定

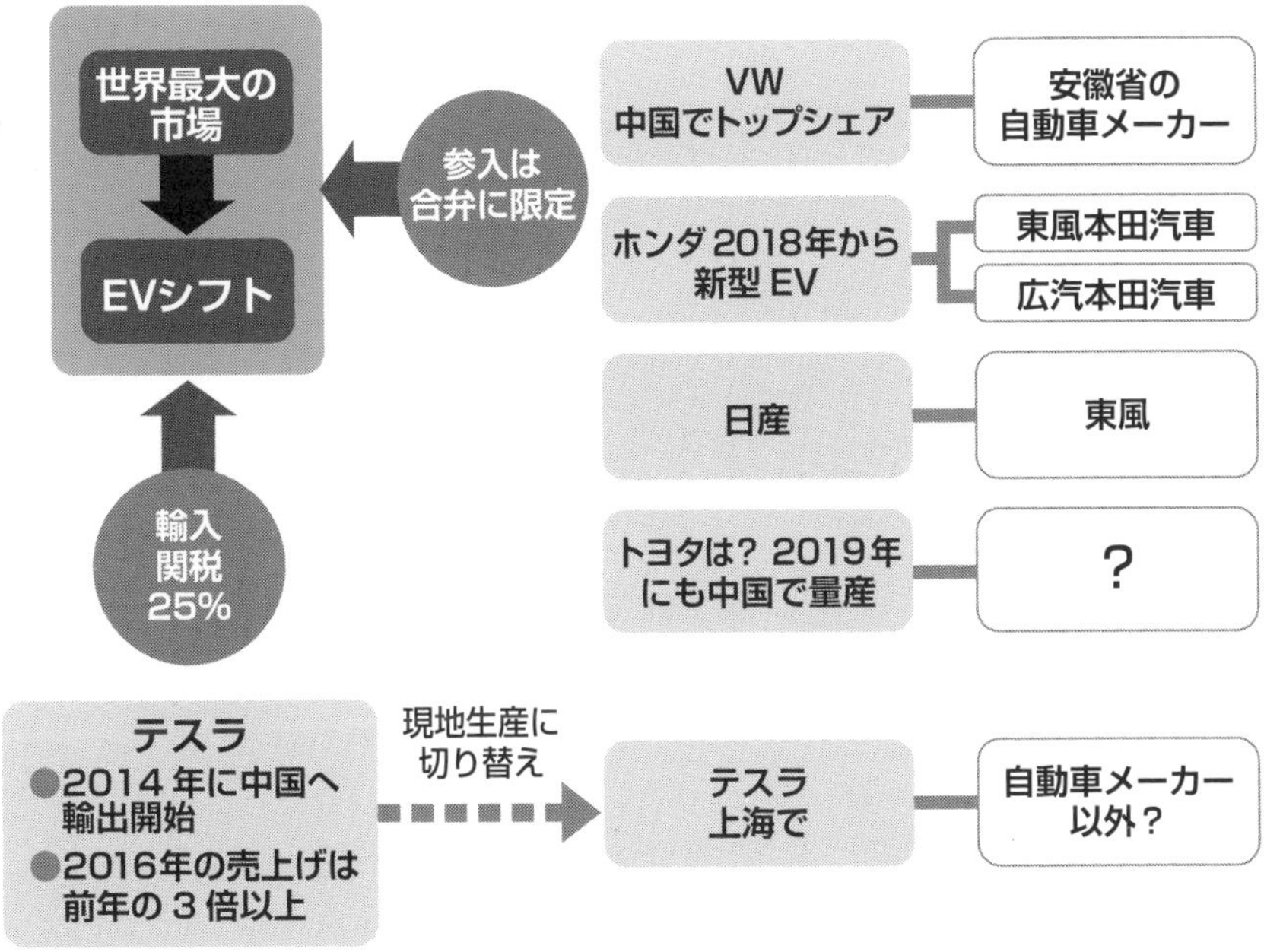

（出所）著者作成

24

中国EV市場で先手競う

ルノー・日産自動車、東風と開発合弁

中国市場の急激なＥＶ化についていけるかどうかが、世界の自動車メーカーにとって、生き残りの鍵となってきた。この流れに乗り遅れることなく、商機をつかめるか、日本のメーカーにとっても待ったなしだ。

２０１７年８月、ルノー・日産自動車連合は、提携関係にある中国・東風汽車集団とＥＶ開発の合弁会社を湖北省に設立すると発表した。19年から東風の工場で生産する計画。フォルクスワーゲン（ＶＷ）やテスラも含め中国のＥＶ市場への参入合戦が激しくなってきた。

日本勢では、トヨタ自動車も遅ればせながら19年にも中国でＥＶを量産する検討を始めた。基幹部品である電池の現地生産も視野に入れているとのこと。トヨタは今でも燃料電池車（ＦＣＶ）をエコカーの主力と位置づけるが、水素ステーションの整備が進まず、日本国内でも普及していない。そんな状況で、アメリカや中国市場に売り込めるわけがない。そこでＥＶの開発を急ぐ必要が出てきた。

アメリカ勢の中ではＧＭが出遅れている。ＧＭ自体は中国で年間数百万台の乗用車を販売しているのだが、ＥＶ・ＰＨＶは全く売れていない。というより、これまで力を入れてこなかったと言うべきだ。そんなＧＭも中国の動きに対応せざるを得なくなってきた。そこで、最近、２０２０年までにＥＶ・ＰＨＶを10種を揃え、年間販売台数を15万台とする計画を発表した。

こういう外国勢の意気込みに応えて、中国政府は18年にも、外資系自動車メーカーのＥＶ参入規制を緩和するとの観測がある。これまで中国では、外資系自動車メーカーの出資比率は最大50％に抑えられていたが、自由貿易区に限り全額出資のＥＶ生産会社設立を認める方向で検討しているという。

テスラがこの規制緩和に合わせて中国に生産拠点設立を検討中である。

図24 し烈さを増す中国参入競争

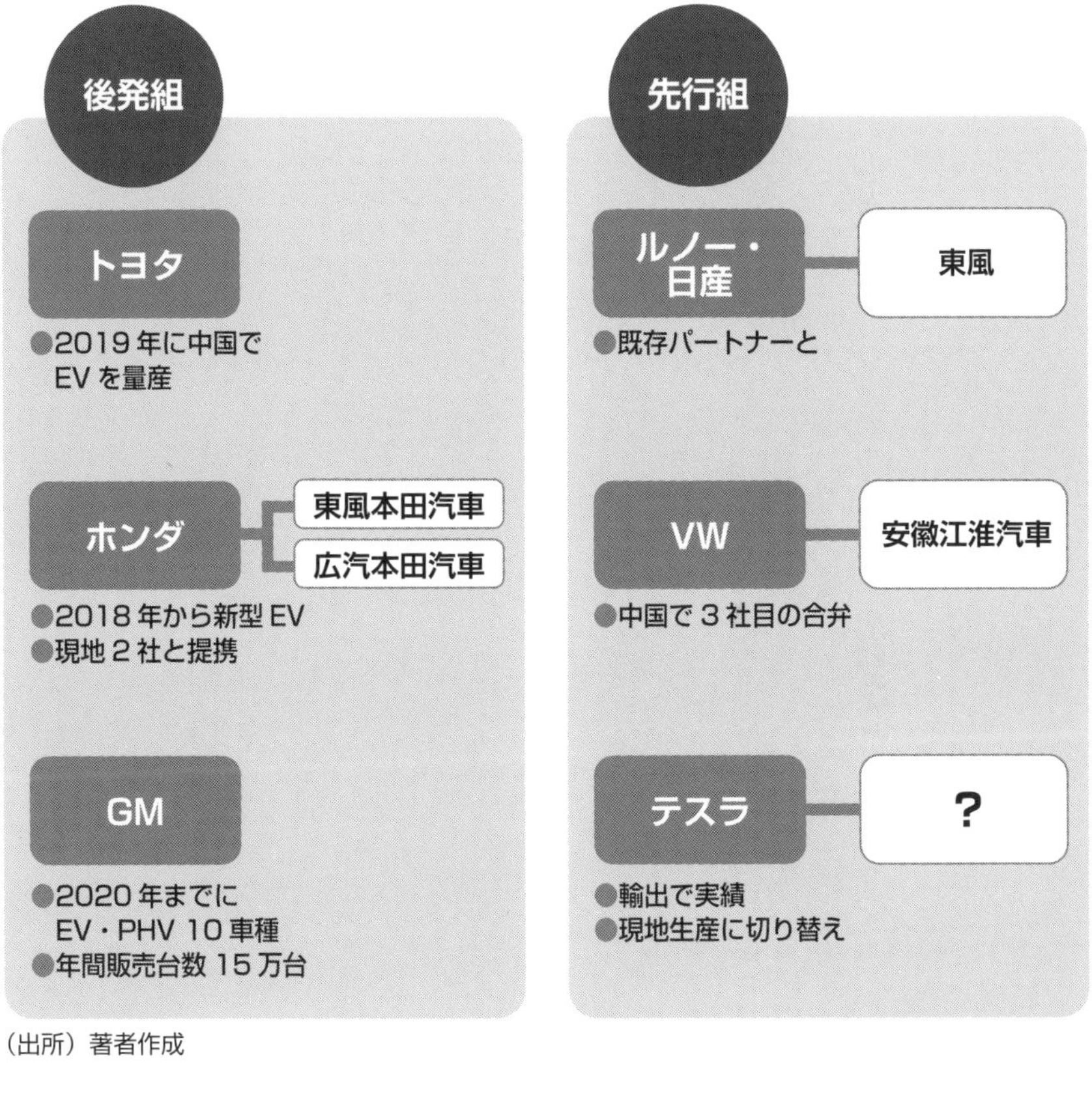

（出所）著者作成

25 中国で日系自動車メーカーはどう戦う？

相次ぐＥＶ投入の動き

世界最大の中国市場に対し、日系メーカーによるＥＶ投入の動きも本格化してきた。まず、日産自動車は新型「リーフ」を18年以降に中国に投入し、さらに新しいＥＶを複数車種揃える計画だ。

日産自動車は、ルノー・三菱自動車を加えた3社連合でも中国向けＥＶラインアップの強化を図る。

この3社連合は、２０２２年に全世界の年間販売目標１４００万台のうち3割を電動車にする計画を持っていて、そのため、新規で全世界で12車種を投入する。また、3社でＥＶ用の車台や部品を共有化する。

ホンダは、18年中に中国専用車を投入することを17年4月に発表し、同年9月になって具体策を示している。それによると、ホンダは現地合弁会社である広汽ホンダと東風ホンダの2社と共同でＥＶを開発し、合弁会社それぞれのブランドで販売するという計画だ。

さらにトヨタ自動車もマツダと共同開発したＥＶを19年めどに中国で売り出す予定だと報じられている。

戦場は完成車市場だけではない。部品数が少なく、技術的なハードルが低いＥＶで勝ち残るためには、性能や乗り心地での差別化は難しい。そのためコストが極めて重要な要素になるのだが、その中心になるのが電池である。メーカーにとって、どんな電池をどこからどう調達するかは極めて重要な戦略だ。

電池の分野でも中国が国別シェアの半分以上を占めており、今後完成車のみならず、電池市場でも他国を圧倒してくるものと思われる。

日産自動車はＮＥＣとのリチウムイオン電池の共同事業の電池製造拠点を中国企業に売却することを決めた。コストの大きな部分を占める電池の製造は、自社で作るより、中国に任せた方が得策と考えたからだ。

図25 日系自動車メーカーの中国でのEV戦略

日産自動車	2018年以降に新型リーフを販売
ホンダ	18年に中国専用の新型車を発売
トヨタ自動車	マツダと共同開発し、19年めどに新型車を発売

（出所）共同通信など各種報道から著者作成

ホンダが上海モーターショー（2017年4月）に出品したEVのコンセプトカー「Honda NeuV（ニューヴィー）」（共同通信）

図解EV革命 COLUMN

環境技術大国中国の圧倒的パワー

筆者は２０１６年11月、中国の深圳と西安、それからチベット高原のゴルムドを訪問した。旅の目的は、中国通信機器大手のファーウェイ（華為技術）本社訪問と、ゴルムドにある５００メガワット（ＭＷ）の巨大太陽光発電所の視察だった。

10年ぶりの訪問となった深圳では、その発展ぶりに目を見張ったが、お目当ては町を走るＥＶ。何しろ、世界一の電動車メーカーであるＢＹＤの本社所在地なのだから。

まず、空港で見たのが、客待ち中の「ｅ６」タクシー。ＢＹＤが11年に発売した純粋ＥＶ。値段が高いこともあり、もともと一般ユーザーではなくタクシー向けに作られたＥＶだ。実際の航続距離３００キロメートル以上なので、タクシーとしても使い勝手は悪くない。

翌日、ファーウェイの本社に行く途中、最初に見たのがテスラの「モデルＸ」。次に高速道路では、噂の「唐」に出会った。16年の中国電動車売り上げ第1位だった車だ。ＢＹＤは14年以来、電動車の車名をそれまでのアルファベットと数字の組み合わせから中国の王朝名に変えている。その第1号が13年発売の「秦」で第2号が「唐」。ともにＰＨＶだが、「秦」にはＥＶもある。

中国のＥＶパワーもすごいが、もっと強烈なのが太陽光発電。現在、累計導入量でも年間新規設置容量でもダントツ世界一。日本はどちらも世界4位あたりに付けている。主要部材販売量でも同様で、パネル、パワコン（パワーコンディショナー）とも、中国メーカーが世界一を占める。パワコンで15年以来世界トップの座にいるのがファーウェイだ。

旅のフィナーレは、ゴルムドの超メガソーラー。案内された施設は発電総容量５９０ＭＷだが、周囲は見渡す限り太陽光パネルに覆われており、近隣の施設を合わせると実に３ギガワット（ＧＷ）にもなる。日本での最大クラスは、ソフトバンクなどが北海道苫東《とまとう》で運営する１１１ＭＷサイズなので、桁が違う規模だ。

第四章　異業種大戦争が始まる！

図解EV革命

26

異業種大戦争が始まる！

群雄割拠状態に

ＥＶ業界が群雄割拠状態なのは中国だけではない。世界のＥＶ業界には異業種からの参入が相次いでいる。掃除機や空調家電のメーカーであるダイソン（イギリス）が、２０２０年までに「他社のものと根本的に異なるＥＶ」を製造すると発表。グーグルやパナソニックも自動運転実験用にＥＶを作っている。

異業種参入の中でもインパクトが大きそうなのがアップル。正式発表ではないが、ＥＶ開発プロジェクト「Project Titan」が２０１４年に始まったことは公然の秘密だ。日本勢では、ソニーが17年10月に独自開発したＡＩ（人工知能）対応のＥＶの試作車を発表し、今後が注目されている。

世界の２大ＥＶメーカーであるテスラとＢＹＤも共に２００３年設立の新規参入組だ。テスラの創業者の一人マーティン・エバハード氏は電気技師であり、テスラを創業するまでは自動車産業とは関係なかった。一方、ＢＹＤはバッテリーメーカーだった。

このように多くの業界からの参入が続けばもはや「異業種」という言葉さえも適切ではなくなるかも知れない。

大波乱の自動車業界だが、ＥＶ化が始まるまでは、合従連衡はあったもののプレーヤー自体はほとんど変わらない業界であった。

日本では、改造自動車で有名な光岡自動車が１９９６年４月に自社製作車の「ガリュー」の型式認証を取得し、日本で10番目の乗用車メーカーとして認可され、自動車業界に新規参入した程度であった。

自動車業界に新規参入がほとんどなかったのは、自動車産業は裾野が広く、巨大ピラミッドの構築が必要だったからだ。

それが、構造の簡単なＥＶの出現で大きく変わりつつある。

図26 異業種大戦争

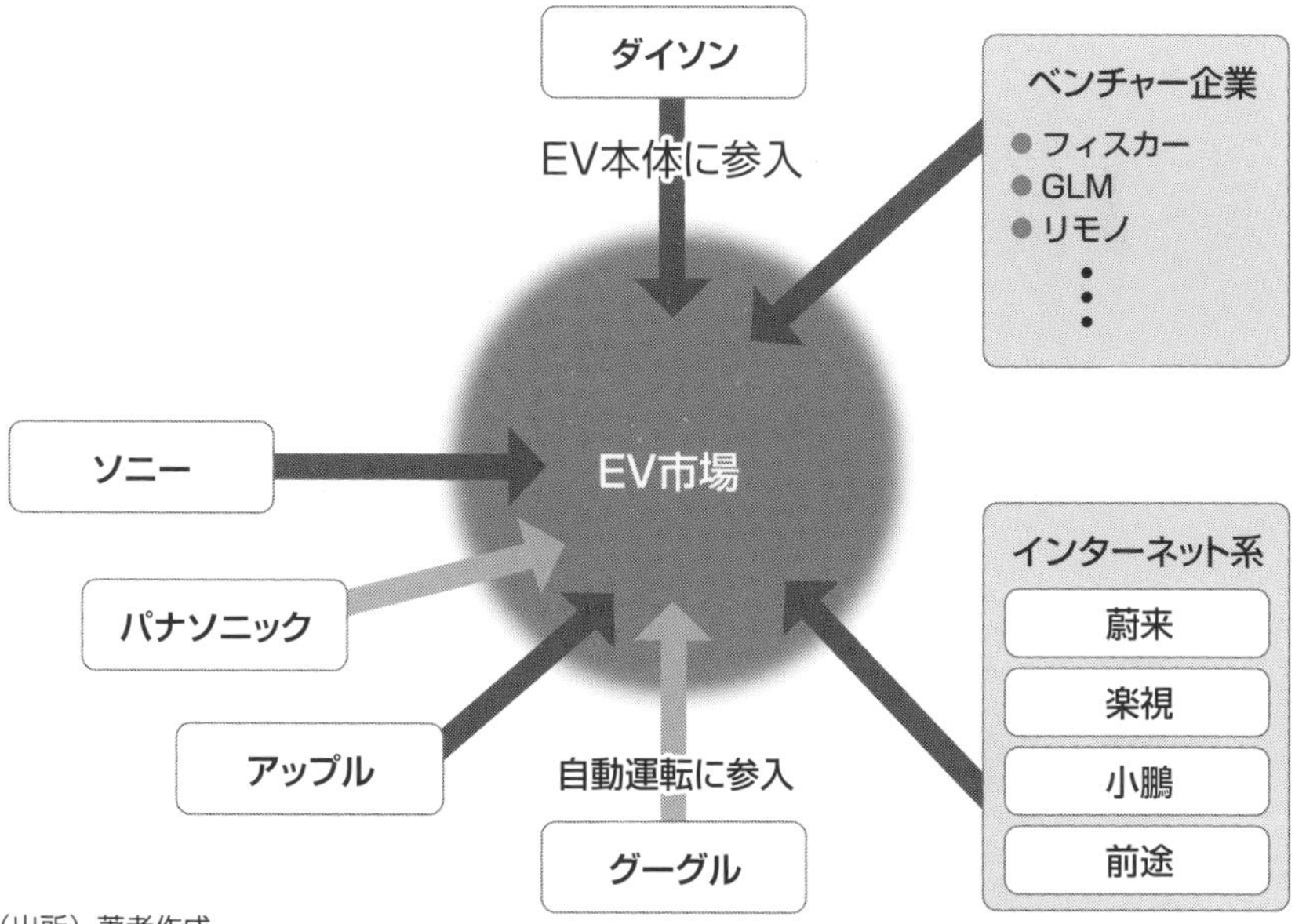

（出所）著者作成

ソニーが公表したEV試作車

パナソニックの自動運転システムを搭載した試作車（2017年10月10日、共同通信）

27 ダイソンの野望

トヨタと同じ全固体電池で挑戦か

ダイソンがＥＶ市場への参入を２０１７年9月に発表したが、参入の噂は1年くらい前から聞かれるようになった。それは、ダイソンが、既存の自動車メーカーからキーパーソンを続々と引き抜いていたからだ。16年には、アストンマーティンの生産部門ディレクターのイアン・ミナーズ氏がダイソンに移籍。17年にテスラの広報渉外担当の幹部、リカルド・レジェス氏等を引き抜いている。これほど目立つ動きをしたため、一気に噂が広まった。

日本ではあまり起こらないが、海外では新規参入に当たって人材の引き抜きは当たり前。アップルにも他社からの移籍が相次いでいるため、ＥＶ参入の正式発表も時間の問題とみられている。

ダイソンは、ＥＶ開発に10億ポンド（約１５００億円）、動力源となる電池の開発にも同額を投じる。特筆すべきは、電池として全固体タイプを使用すること。これは、コンパクトで、効率性が高く、充電が容易などの特徴を持つ。トヨタ自動車もこのタイプの電池を開発中だ。

ジェームズ・ダイソンＣＥＯ（最高経営責任者）は同社が開発するＥＶについて、既存の自動車メーカーが販売しているものとは「根本的に異なる」ものになると説明。「他社と同じような車では意味がない」とし、「スポーツカーではなく、非常に安い車でもない」と述べている。

現在、初代モデルの２０２０年までの投入を目標に、開発チームの増強を急いでいる。自動車関係者からは「そんなに早くＥＶを作れるのか」との疑問の声もあるが、構造の簡単なＥＶでは、すでにダイソンが持つ、モーター、バッテリーとそれらの制御技術があれば十分可能だ。実際、「異業種参入」の先輩であるテスラもＢＹＤも、共に会社設立からわずか5年で最初の電動車を世に出している。

図27 ダイソンのEV導入への歩み

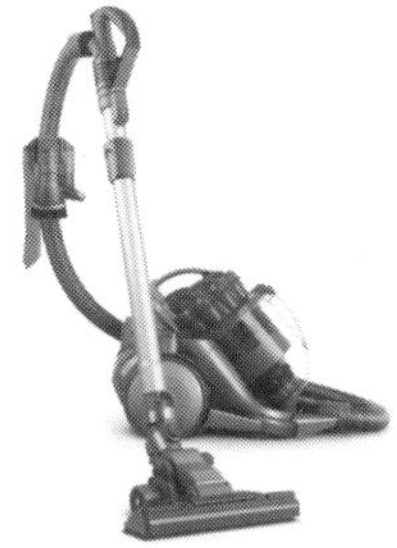

- 1983年　サイクロン式掃除機開発
- 1993年　ダイソン設立

活発な人材引き抜き
- アストンマーティンから
- テスラから

- 2017年　9月、EV参入発表:2020年までにEV初代モデル発売

- EV開発に1500億円
- 電池開発に1500億円
  （全固体電池採用）

- 既存のものとは根本的に異なる
  - スポーツカーではない
  - 非常に安い車でもない

- 2020年　EV初代モデル発売（予定）

ジェームズ・ダイソンCEO

28

アップル、グーグルが自動車に接近

アップルがＥＶ参入を模索

「アップル、グーグルのようなＩＴ企業との戦い。今までと違う海図なき前例のない戦いが始まっている」。これは、２０１７年８月にトヨタとマツダが資本業務提携を発表した時の豊田章男社長のコメントだ。

アップルのＥＶ開発プロジェクト「Project Titan」が〝秘密裏に〟始まったのが14年。15年に大手自動車メーカーやテスラからの人材引き抜きが活発化したことにより、アップルのＥＶ参入意図が明確になった。

筆者は09年に、学生たちに「ＩＴ企業がＥＶを作ったら買うか？」という質問をしたことがあるが、「アップルカーが出たら絶対買う」という答えが多かった。２０２０年ごろに最初のＥＶを発売する、という予測がなされているが、アップルのことだから、デザイン面でもユニークなものになるだろう。台風の目になることは間違いない。

一方のグーグルは自動運転車の開発に注力している。09年、自動運転車開発のプロジェクトを立ち上げ、14年5月、プロトタイプ「グーグルＸ」を初公開した。横2人乗りの小型ＥＶだ。16年12月には、このプロジェクト部門をグーグル本体から切り離し、グーグル・グループの持ち株会社Alphabet Inc.傘下の独立企業ウェイモ（Waymo）とした。

ただし、ウェイモ幹部によれば新会社の努力の中心は自動運転技術の開発であり、自動車自体の製造ではないという。その方針に沿ってか、ウェイモは17年6月、自社設計の自動運転プロトタイプ車「Firefly」の開発を終了し、今後はクライスラーの「パシフィカ」（ＨＶミニバン）をベースとした自動運転車の開発に切り替えると発表。

最近、アリゾナ州フェニックスで、「パシフィカ」ベースの自動運転車によるオンデマンドライドシェアサービスの公道試験が始まった。

図28 IT 企業との前例なき戦い

「アップル、グーグルのような IT 企業との戦い。今までと違う海図なき前例のない戦いが始まっている」

（2017 年 8 月、豊田章男社長）

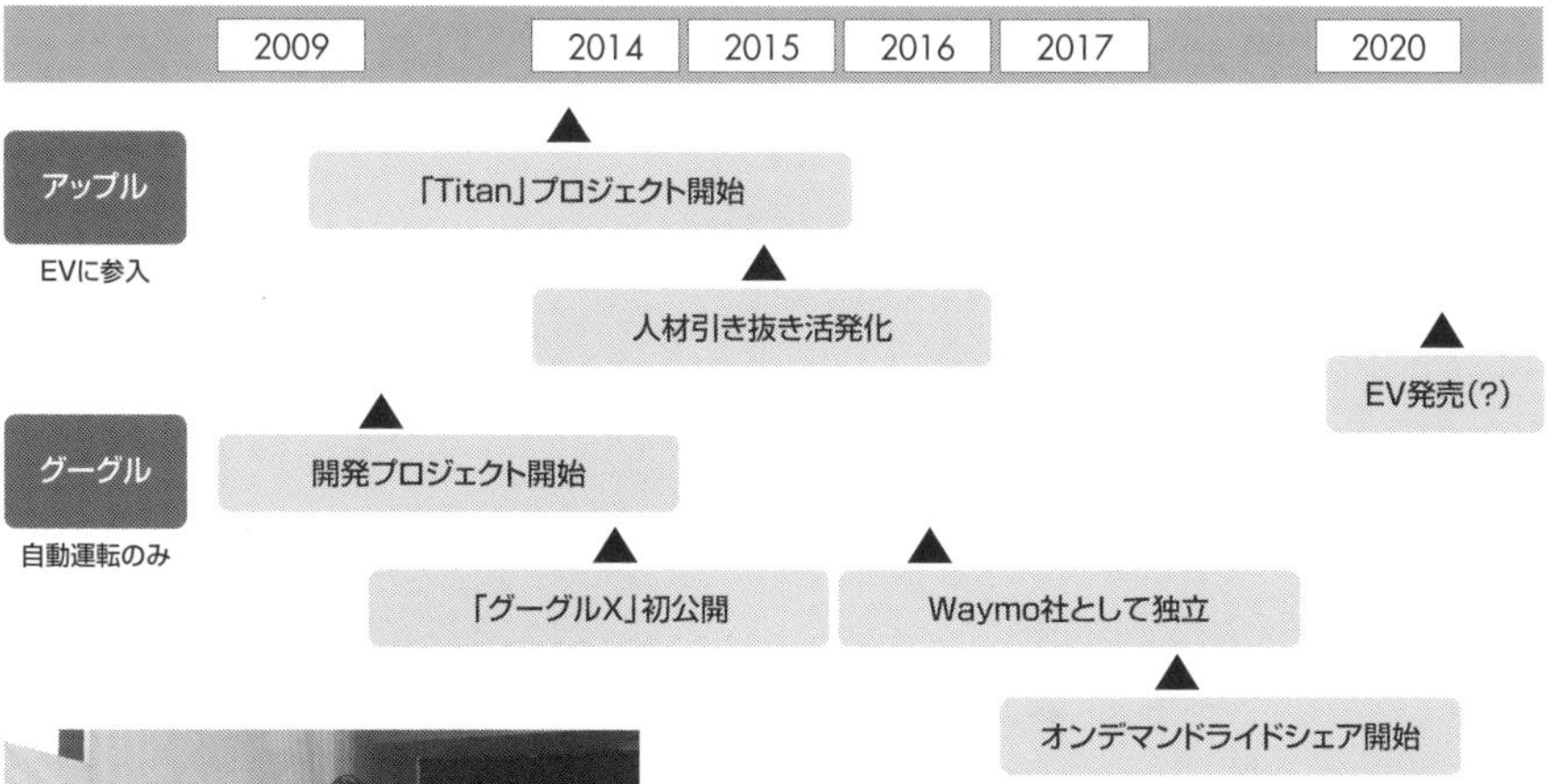

（出所）著者作成

グーグル子会社ウェイモの自動運転車
（米中西部デトロイトで 2017 年 1 月）

29 パナソニックがEVに投資

EVで活路を開くパナソニック

パナソニックの動きが活発だ。パナソニックは2017年10月、横浜市にある同社の試験場で、自動運転システムを搭載した小型のEVを報道陣に初めて公開した。「自動運転EVコミュータ」と呼ばれる自社開発の実験車は、2人乗りで、全長2・5メートル、車両重量は566キログラム。17年度中に公道走行を目指すという。

「いよいよパナソニックEVの出現か」という期待の声もあるが、パナソニックではこれを製品として販売する計画はないという。自動運転EVコミュータは、部品などを開発するための実験車であり、EVを開発する計画はないとのこと。

パナソニックがEV関連で一番力を入れているのがバッテリー。すでにEV向けではシェアは世界首位。米テスラと組んでアメリカ・ネバダ州で巨大な電池工場「ギガファクトリー」を立ち上げている。

同工場では、パナソニックがテスラの「モデル3」向け電池セルとテスラの定置型蓄電システム向け電池セルを生産。テスラはそれらのセルを使って電池モジュールの生産を行う。ギガファクトリーへの投資額は公表されていないが、総額で5000億円に上ぼると推定され、うちパナソニックの負担額は1500億～1600億円程度と見られている。

パナソニックは、過去にプラズマディスプレイ関連に6000億円に上る巨額投資を行った末に撤退を余儀なくされた経験があるため、社内には、テスラへのあまりにも大きな投資を懸念する声もあるようだ。

パナソニックとテスラの付き合いは長い。テスラが最初に出した電気自動車「ロードスター」（08年発売）の電池は三洋電機が供給していた。その後、三洋電機がパナソニックに買収されたため、テスラとの関係も引き継がれた。

図29 パナソニックとテスラ

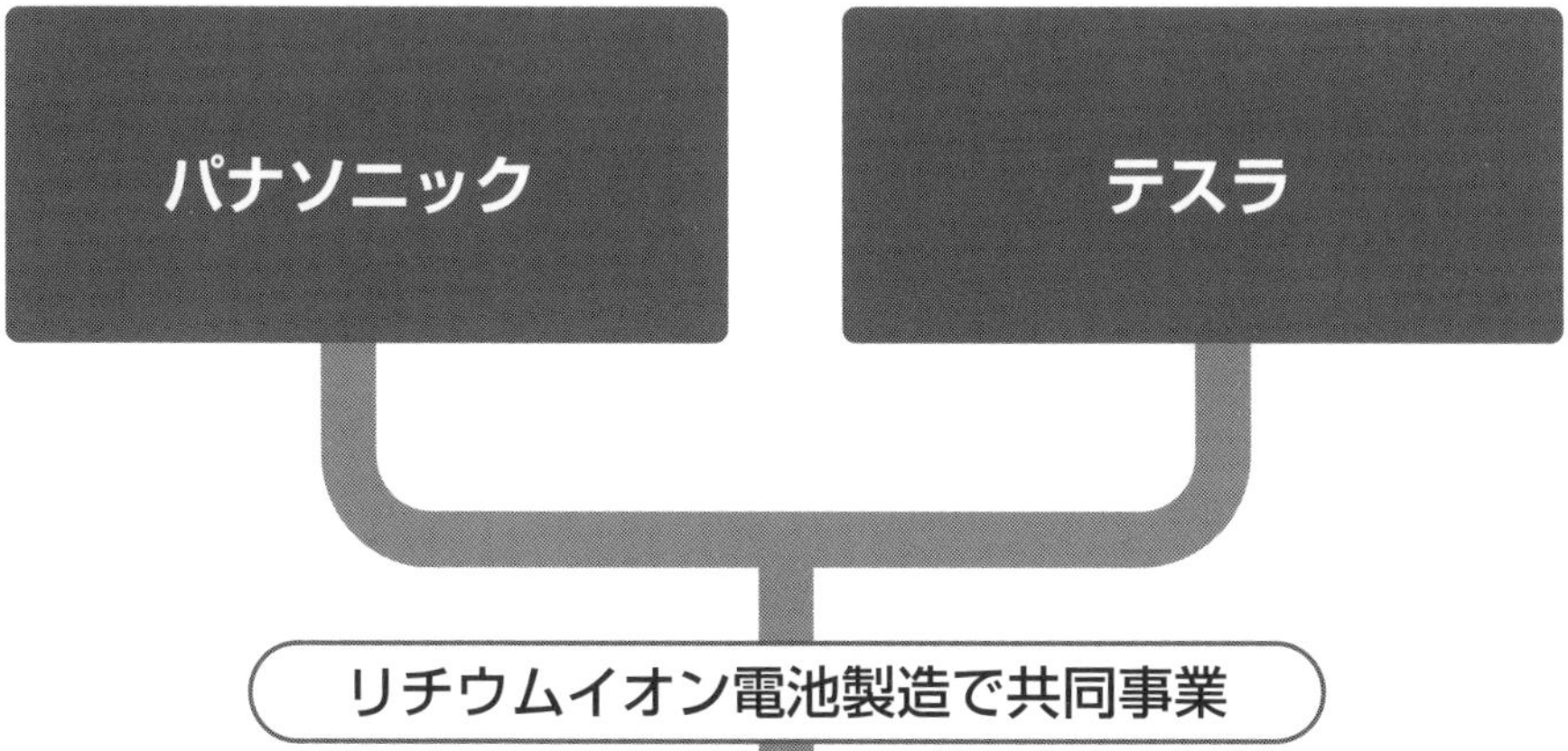

米ネバダ州のテスラのＥＶ向け電池工場
「ギガファクトリー」（テスラ提供）

30 太陽光発電からの教訓

新規参入相次ぐ太陽光発電

「異業種参入」が相次ぐのはEVの世界だけではない。筆者がEVと共に推進する、もう一つの事業である太陽光発電でも、2012年の再生可能エネルギーの固定価格買い取り制度（FIT）導入以来他業種からの参入が増えている。

そのトップクラスは、ソフトバンクで、東日本大震災以来、自然エネルギー分野に注力している。まず、子会社としてSBエナジーを11年10月に設立。12年7月には、FIT導入と同じ日に、ソフトバンクにとって第1号である「榛東《しんとう》ソーラーパーク」（群馬県）と「京都ソーラーパーク」第1基を稼働させた。

三井物産との合弁事業により、「ソフトバンク苫東安平《あびら》ソーラーパーク」（北海道安平町）を15年12月に稼働させた。出力は111メガワット（MW）と国内最大級。17年11月時点で、国内では他社から取得した発電所を含む34基（438MW）が稼働しており、今後数年以内に4基（108MW）の稼動が予定されている。

ソフトバンクは風力発電にも参入している。17年2月時点で、国内で稼働しているのは「ウインドファーム浜田」（48MW）のみだが、海外では地元企業との合弁子会社を通じて、モンゴルのゴビ砂漠で50MW（5万kW）の風力発電所を建設し、17年10月6日に営業運転を開始した。

ソフトバンクの他、太陽光発電事業には、国際航業、NTTファシリティーズ、日本毛織、オリックス、JR九州など多くの企業が参入している。異業種参入は大企業以外に看板設置会社、ビル管理会社などの中小企業が太陽光発電事業者やEPC（設計・調達・施工会社）として参入し急成長している。

太陽光発電とEVの共通点は、①機械や設備の構造が簡単である、②新産業なので既得権益があまりないことだ。そのため、参入障壁が低く異業種参入がしやすい。

図30 EVと太陽光発電における異業種参入例

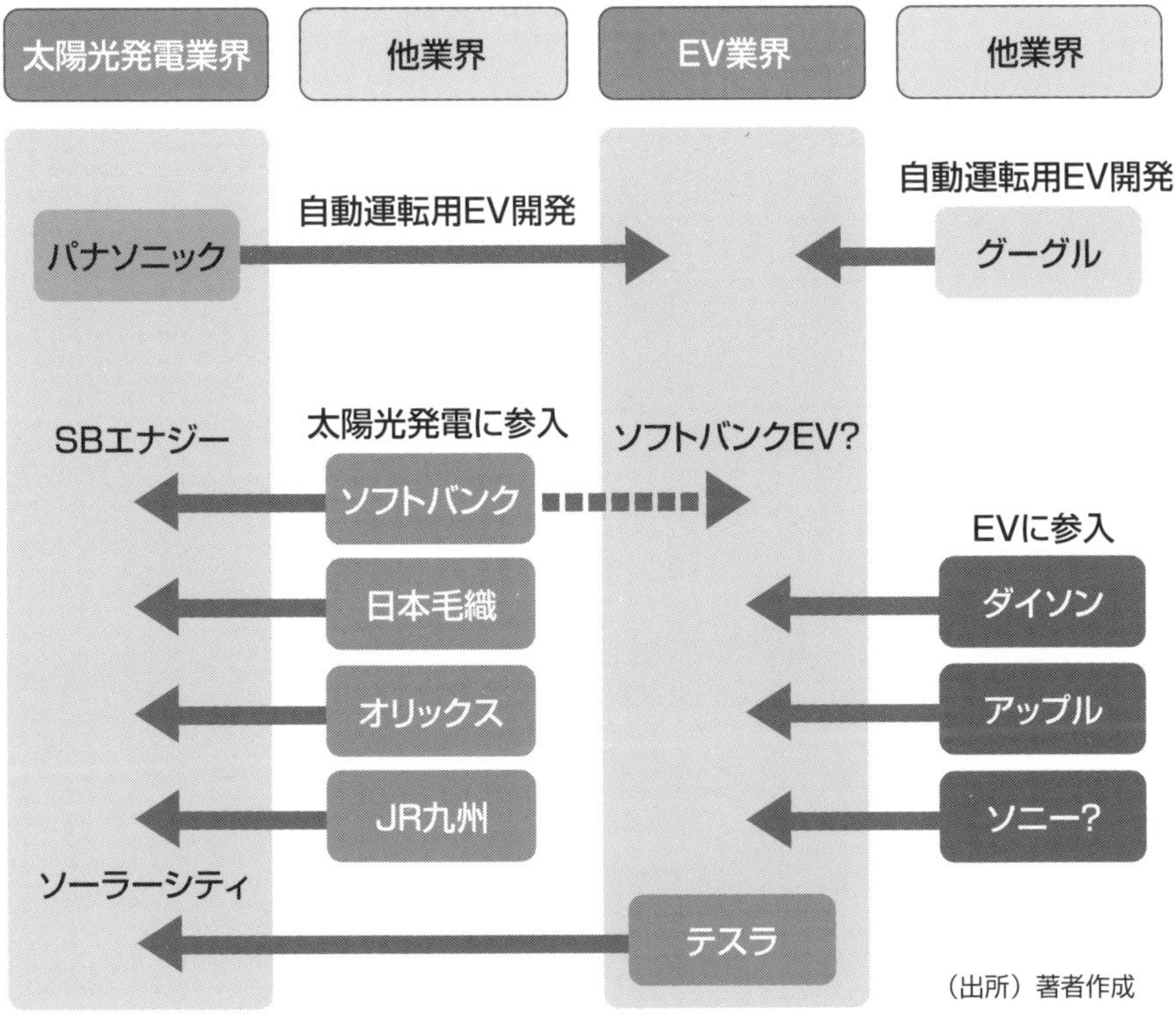

（出所）著者作成

図解EV革命 COLUMN

ソフトバンクEVは登場するか

ＥＶ業界には新規や異業種からの参入が相次いでいる。アップル、グーグル、パナソニックとくれば、次の期待はソフトバンク。果たして「ソフトバンクＥＶ」はあり得るだろうか？

　ソフトバンクはすでにエネルギー分野に進出している。２０１１年10月には、１００％子会社のＳＢエナジーを設立し、12年7月、再生可能エネルギーの固定価格買い取り制度（ＦＩＴ）が施行されたその日、京都市と群馬県榛東村でメガソーラーの営業運転を開始した。17年現在、日本でもトップクラスの運営事業者になっている。さらに、12年8月には、ＳＢパワーを設立し、小売電気事業にも参入している。

　ソフトバンクはまた、13年５月、アメリカのブルームエナジー（Bloom Energy）と合弁でブルームエナジージャパンを設立。定置型燃料電池システムから発電される電力の販売を開始した。13年11月、国内初号機を福岡市内の「Ｍ-ＴＯＷＥＲ」に設置したのを皮切りに、慶應義塾大学湘南藤沢キャンパス、東京汐留ビルディング、大阪府中央卸売市場、ポーライト株式会社の「ポーライト熊谷第二工場」などに設置している。

　さて、ＥＶ事業だが、周辺ビジネスにはすでに参入している。13年7月、ソフトバンクはＥＶの充電量に応じて課金する充電スタンドシステムを開発。香川県豊島《てしま》で実験をした後、事業化を検討すると発表した。16年10月には、フィリピン・マニラで、電気で走行するＥＶトライシクル（３輪車）とエコシステムを組み合わせた新公共交通システム「Mobility as a System」の導入、普及に向けた実証事業を開始した。

　ここまでくれば、次はＥＶ本体との期待が高まる。もし参入するとすれば、単独ではなく、シリコンバレーか中国のＥＶベンチャーとの提携によると予想する。もし、テスラと組めば世界最強のチームになることは間違いない。

第五章　テスラの衝撃

31

時価総額でGMを上回る

フォード以来の上場自動車メーカー

2017年4月10日、アメリカの株式市場に衝撃が走った。テスラの時価総額（株価×発行済み株式数）が一時ゼネラルモーターズ（GM）を超え、アメリカ自動車企業で首位に立ったのだ。テスラは4月3日に業界2位のフォード・モーターを抜いたばかり。わずか1週間で3位⬇2位⬇1位と躍進したことになる。

テスラの株価は同日、一時313ドルとなり時価総額は約510億ドル（約5兆6400億円）に達した。2016年の販売台数はGMの996万台に対して、テスラは10万台にも届かないが、販売規模100倍の巨人を追い抜いた。ちなみに、17年4月時点でトヨタの時価総額は16兆9000億円で、テスラ、GMの3倍以上であった。

証券業界ではこのようなテスラへの過度の期待先行に対し、「狂気の沙汰」との見方もあるが、時代が変わる時にはこういうことがよく起こるのではないだろうか。ただし、その後半年でGMの株価が32％も上昇したため両社の時価総額は再逆転している（17年10月25日終値はGM34ドルに対して、テスラは326ドル）。

テスラがNASDAQに株式を上場したのは創業から7年後の10年6月29日。上場価格は17ドルだった。その時点で、四半期ベースで赤字続きにもかかわらず上場できたのだが、EVへの期待の大きさがテスラの上場を後押ししたと考えられた。また、自動車メーカーの新規上場は1956年のフォード・モーター以来半世紀ぶりであったことも人気の要因であった。

テスラは上場により2億2600万ドル（約200億円）を調達し、その資金は「モデルS」「モデルX」などの開発に使われた。そのテスラは、17年3月、中国ネット大手の騰訊控股（テンセント）から1960億円の出資を受け、中国での工場建設の準備を進めている。

図31 GMとテスラ

	GM	テスラ
本社	ミシガン州デトロイト	カリフォルニア州パロアルト
創業	1908年	2003年
従業員数	21万5000人	3万3000人
販売台数	1000万台	10万台

（注）テスラの販売台数は予測値。
（出所）GM、テスラのホームページなど各種資料から編集部作成。

テスラの株価の推移

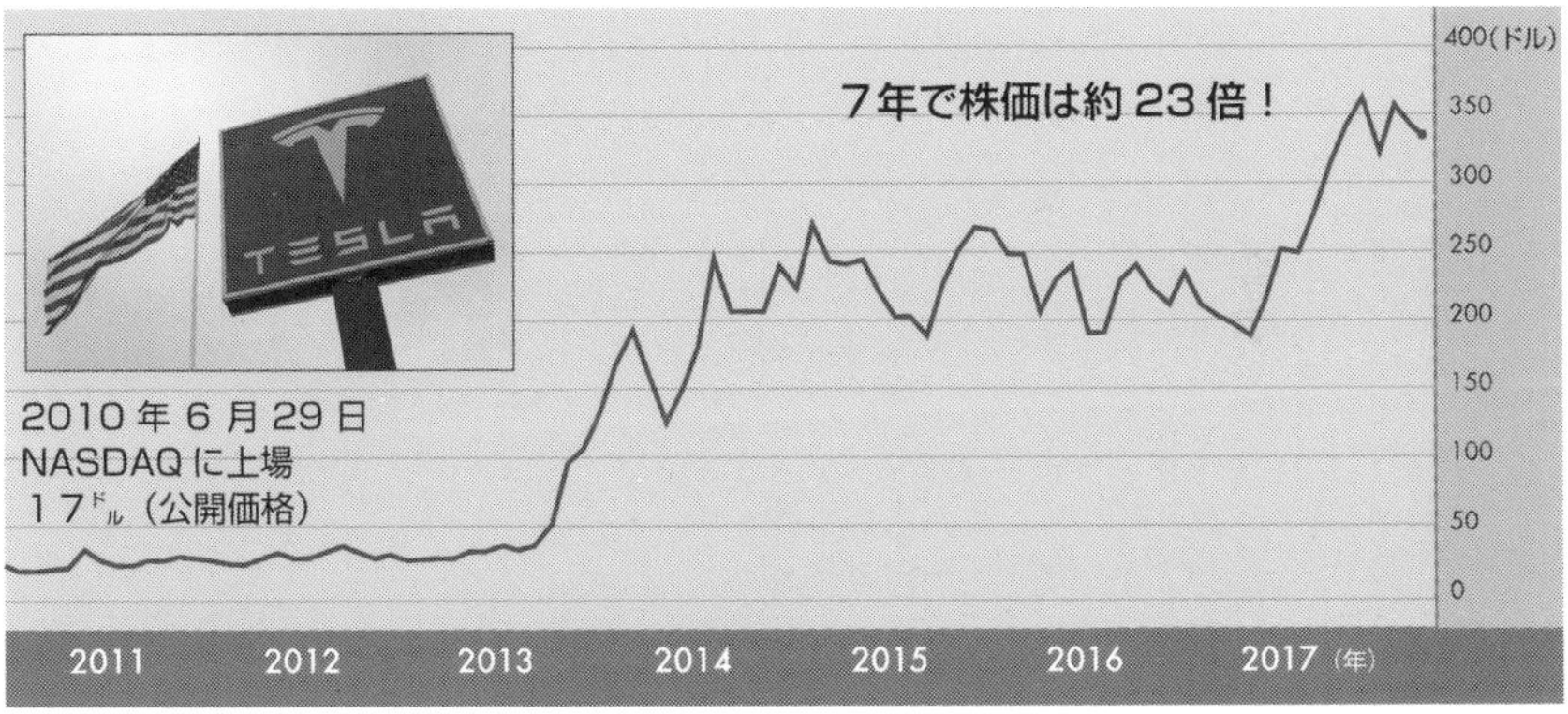

（出所）Yahoo! Finance　写真はロイター＝共同

32 鬼才イーロン・マスク

テスラ以外に宇宙、太陽光発電にも参入

イーロン・マスク氏はテスラのCEO（最高経営責任者）だが、同社の創業者ではない。２００３年に会社を立ち上げたのは、マーティン・エバハード氏、マーク・ターペニング氏の二人。マスク氏は、04年４月の第１回資金調達を主導するとともに自らも出資し、08年10月に同社の会長兼CEOに就任した。

マスク氏は１９７１年南アフリカ共和国生まれ。母親の母国であるカナダを経てアメリカのペンシルベニア大学に留学し、テスラに参加する前の99年にはPayPal社の前身であるX.com社を設立した。彼は当時から、人類の進歩に貢献する分野は「インターネット」「クリーン・エネルギー」「宇宙」だと考えていた。

彼がCEOを務める会社は他にもあるのだが、筆者がテスラ以上に注目しているのがスペースX社。民間宇宙ロケットを開発製造する会社で、マスク氏がテスラと出会う前の02年に創立し、CEO兼CTOに就任。

スペースXは、低コストのロケットを武器に宇宙分野で大きなシェアを獲得しており、16年４月には、ケネディ宇宙センターから打ち上げた「ファルコン９」を、大西洋上の無人船上に垂直に降り立たせている。洋上へのロケット帰還成功は世界初。この方式が実用化されれば、打ち上げコストが大幅に削減されると期待されているが、まだ株式は上場していない。

もう一つ、06年には太陽光発電会社ソーラーシティを立ち上げ会長に就任した。ソーラーシティは、家庭用太陽光発電分野で、「第三者所有（TPO）モデル」を掲げて急成長したが、16年のテスラとの合併前には、TPOモデルの収益性が低下したこともあり、業績が低迷していた。

この合併には一部の株主から反対があったが、筆者は両社の合併によるシナジー（相乗効果）は大きいと見ている。

図32 イーロン・マスクの挑戦

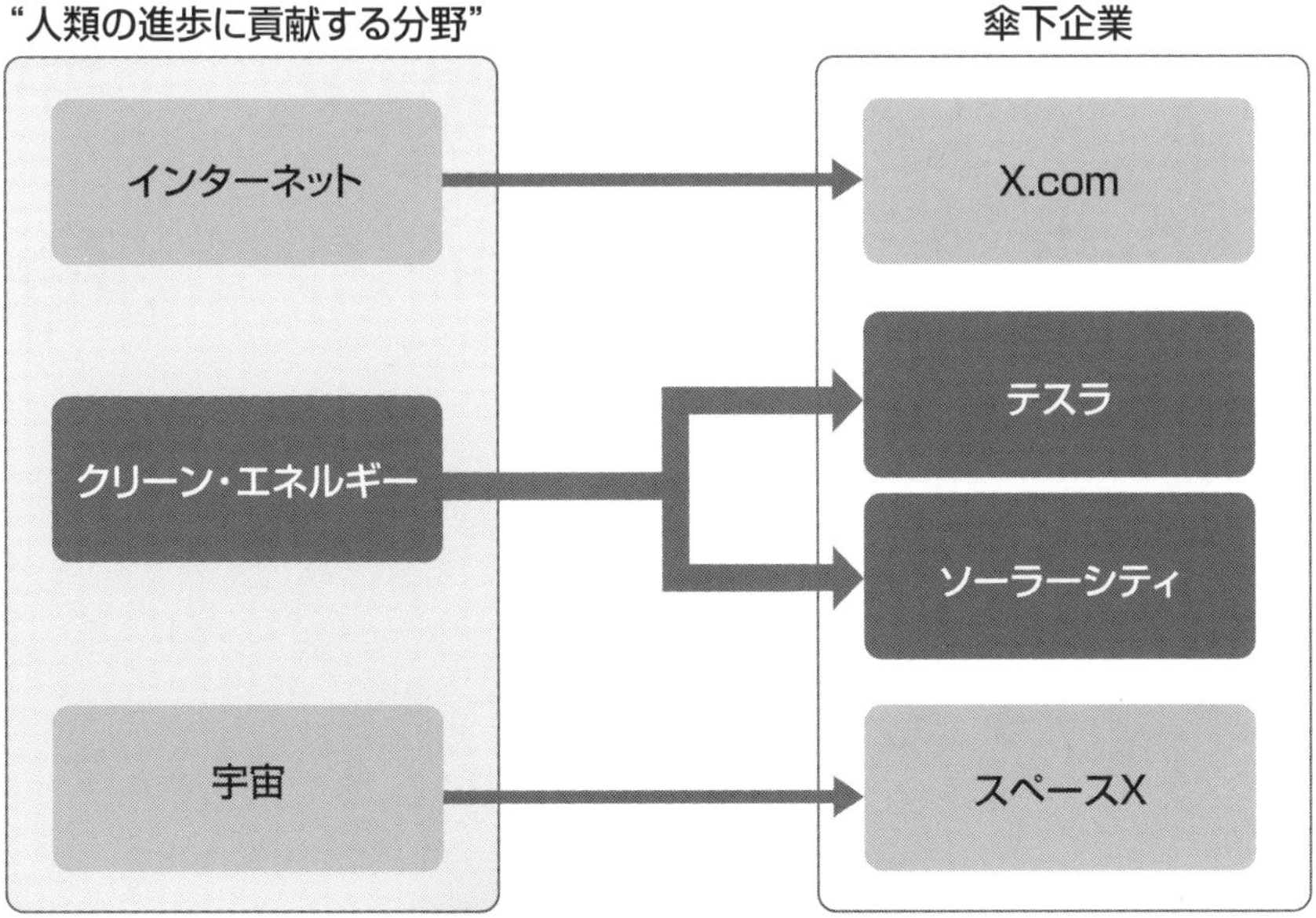

有人型ドラゴン宇宙船の試作機を公開する米スペースXのイーロン・マスクCEO（2014年5月、共同通信）

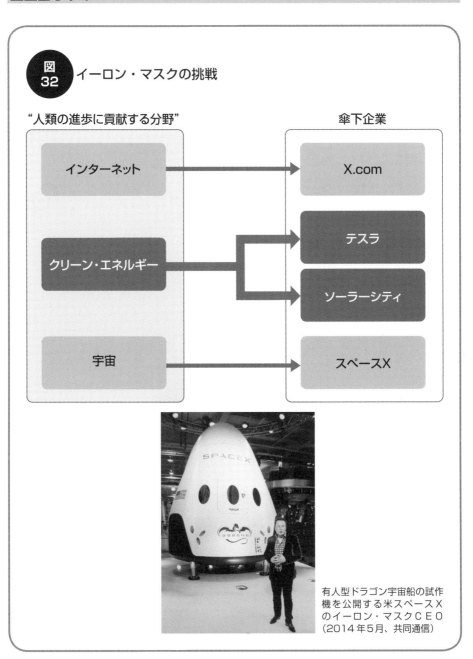

33 テスラの社名はなぜ「テスラ」なのか

社名はニコラ・テスラに由来

テスラは有名だが、その社名の由来を知る人は多くない。テスラが使っているモーターは日産自動車や三菱自動車が使っているものとは違っている、というのが一つのヒント。

モーターには「直流タイプ」と「交流タイプ」があり、現在世界で量産されているＥＶのほとんどは交流モーターを使っている。ここまでは同じだが、三菱や日産が使っているのは同じ交流タイプでも、永久磁石同期型で、名前の通り永久磁石を使う。

それに対して、テスラが使っているのは誘導モーターであり、永久磁石は使用していない。強力な磁石をつくるにはネオジムなどのレアアースが必要で、その資源枯渇が心配されるが、誘導モーターを使うテスラにはその心配がない。

テスラの社名は、１８８２年にその交流誘導モーターを発明したニコラ・テスラに由来する。その３年前の１８７９年には、トーマス・エジソンが白熱電球を発明。１８８２年9月には、同じくエジソンが、ニューヨーク・マンハッタンの59カ所に設置された電灯に電気を供給する事業を開始した。この時エジソンが使用したのは白熱電球に適した直流であった。しかし、ほぼ同時期、ニコラ・テスラはジョージ・ウエスティングハウスと共に交流による送電システムを提案。エジソンと敵対し、いわゆる「電流戦争（直流・交流戦争）」が起こった。この「戦争」に勝利したのはもちろんテスラ／ウエスティングハウスによる「交流」。

テスラのＥＶは、交流モーター式だが、特にニコラ・テスラの発明による交流誘導モーターを使っている。誘導モーターの発明者に対する強い思い入れが社名に表れている。

筆者が09年にテスラ本社で関係者に尋ねたところ、「今はこのタイプが一番良いと考えている」との返事だったが、その後「モデル３」では永久磁石同期型を使っている。

図33 モーターの種類

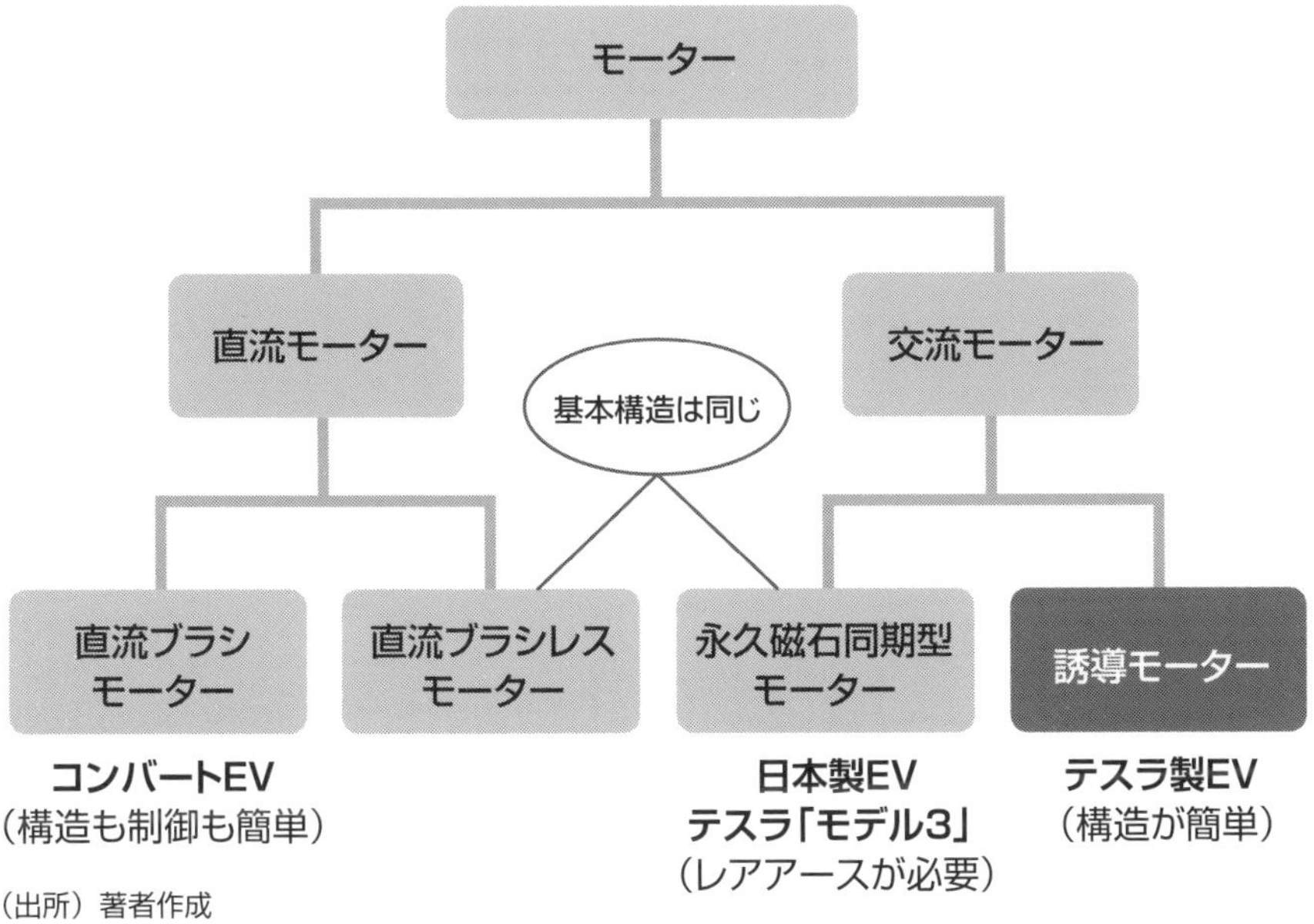

（出所）著者作成

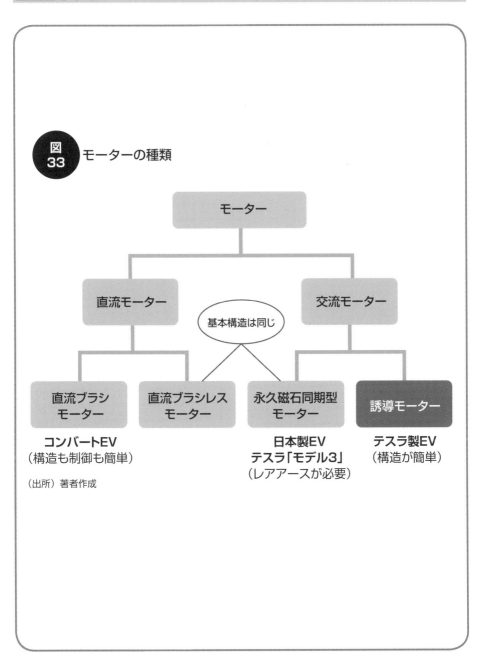

34 テスラのラインアップ

スーパーカーから大衆向けまで

テスラが販売している車種は、現在、「モデルS」「モデルX」「モデル3」の3種類。今は「モデル3」が注目を集めている。

筆者が初めてテスラに乗ったのは2008年発売の「ロードスター」だ。筆者はその開発段階から関心を持ってニュースをフォローしていたが、09年9月、テスラ本社（カリフォルニア州）近くのテスラショップで初めて運転することができた。

評判通りのすごい加速で、しかもギアチェンジによる不連続性がない。アクセルを踏み込んだ時の「キーン」という音を聞いて「未来がやってきた」と感じた。日本勢とは異なる交流誘導モーターを使っていることは前述の通りだが、バッテリーにおいてもユニークなアプローチを採った。三菱や日産が独自開発のバッテリーを使ったのに対して、テスラはノートPCなどで使われている「18650」型と呼ばれる汎用品を使うことにより、コストを大幅に削減した。このアプローチは、「モデルS」「モデルX」「モデル3」に引き継がれている。

この車は約1000万円という高価格。「なぜこんなに高い車を作ったのか」と本社のマーケティングマネージャー（女性）に聞いてみたところ、「最初に1000万円のスーパーカーを出して注目を集め、テスラが有名になってから大衆車を出す戦略だ」との返事だった。実際、「ロードスター」は、レオナルド・ディカプリオ、ジョージ・クルーニー、ブラッド・ピット、アーノルド・シュワルツェネッガーなどの著名人に購入され、広告塔の役割を果たした。

17年11月にテスラは新型「ロードスター」を発表した。最高速度400キロメートル超で時速96キロメートルまで1・9秒。1回の充電で航続距離1000キロメートル、2020年発売を目指している。また同社初のトラックEVの「テスラ・セミ」の試作車を公表した。

カリフォルニアで
ロードスターに乗る筆者
（2009年9月）

モデルS（共同）

モデルX（共同）

モデル3（共同）

トラックEV「テスラ・セミ」（ロイター＝共同）

新型ロードスター（ロイター＝共同）

35 EVから太陽光発電まで

社名をテスラに変更

２０１７年２月、テスラは正式社名を「テスラモーターズ」から「テスラ」へ変更した。テスラはＥＶ以外に定置型蓄電池を販売しており、16年に太陽光発電企業であるソーラーシティを買収し、ＥＶオンリーの会社ではなくなっている。

ＥＶは走行中のCO_2の排出はゼロであり、ガソリン車よりはるかにクリーンである。しかし、ＥＶを真のエコカーとするためには、発電を太陽光や風力で賄うようにしなければならない。

一方、太陽光発電は蓄電池と組み合わされることで真価を発揮する。日本では、現在太陽光発電による電力は電力会社に売っているが、将来は自産自消システムに移行する。その時に必要になるのが蓄電池だ。ＥＶと蓄電池と太陽光発電。この３つをカバーする会社が、ソーラーシティを合併した新生テスラである。

テスラが15年に発売した定置型蓄電システム「パワーウォール（Powerwall）」には10《キロワット》時（ｋＷｈ）と７ｋＷｈの２機種があり、いずれも壁掛けタイプ。驚くのはその価格で、10ｋＷｈモデルは３５００《ドル》（約42万円）、７ｋＷｈモデルが３０００《ドル》（約36万円）と日本メーカーの４分の１〜５分の１程度だった。16年10月にリチウムイオンバッテリーの容量を14ｋＷｈに増大した２代目「パワーウォール２」が登場。14ｋＷｈは、日本の世帯平均使用量の1・5日分に相当する。

テスラは、同時に屋根タイルと全く見分けがつかない家庭用太陽光発電パネル「ソーラールーフ」を発表。ＥＶを充電できることはもちろん、「パワーウォール２」との組み合わせにより、発電した電力の自家消費や緊急時のバックアップ電源としての使用が可能になる。ソーラーシティ合併による相乗効果は大きく、テスラは発電から交通まで幅広い分野でCO_2削減に貢献することになる。

図35 社名をテスラモーターズからテスラへ

“世界で唯一の垂直統合された持続可能エネルギー企業”

太陽光発電
ソーラールーフ

↕

蓄電池
パワーウォール、パワーパック

↕

電気自動車
モデルS、モデルX、モデル3

（出所）著者作成

図解EV革命 COLUMN

テスラ株で5倍の利益、それでも悔やむ!?

テスラについては、「衝撃」という言葉以外に見当たらない。2003年に創業。5年後の08年には早くも第1号EVである「ロードスター」を発売。その後矢継ぎ早に出すEVが全て好調で、今や世界のリーダー格だ。

一番の衝撃は、その株価。A氏は、テスラ設立2年後の05年ごろから関心をもってニュースをフォローしていた。また、講演などで「テスラが上場したらすごいことになる」と話していた。ほとんどの日本人にとっては「テスラって何」程度の反応だったが、ベンチャー起業家であるB氏だけはこの話を頭に叩き込み、テスラ上場と同時に株を購入した。

A氏はというと、「上場直後は過熱するから」としばらく様子を見、30ドル程度で安定してから購入。A氏は、将来の車社会はEV100%になると信じているので「応援のつもり」でテスラ株を買い、「株で儲けるつもりはない」と気楽に考えていた。ところが、15年になってテスラ株は急上昇し、あっという間に100ドルを超えてしまった。

こうなると、「儲けるつもりはない」というA氏も心穏やかではない。「応援のつもり」なら株価の動向に関係なくずっともっていれば良い。しかし、経営コンサルタントでもあるA氏から見れば100ドルという株価は異常に高い。アメリカのアナリストたちも、「理論株価の2～3倍」「後は下がるだけ」という。

結局、A氏は迷った末、約115ドルで売却。為替差益も含めて約5倍になった。これが株式投資として成功なのか、失敗なのか。テスラ株の17年11月13日の終値は315ドル、A氏が15年に売っていなければ、10倍のゲインになっていたことになる。

B氏はというと、A氏より早く買い遅く売ったので、「10倍以上になりました」とのこと。その売却益でB氏が買ったのがテスラの「モデルS」。助手席に座るA氏の心中は複雑であった。

第六章　ＥＶを巡る自動車産業地図

図解EV革命

36 EVを巡る自動車産業地図

大きく変わるメインプレーヤー

世界の自動車メーカーが一斉にＥＶ化に向かっているが、主導権争いの中心になるのはテスラ対ＢＹＤを中心とした中国勢。それからルノー・日産自動車・三菱自動車連合だ。ＢＹＤにはアメリカの投資家ウォーレン・バフェット氏が、テスラには中国のテンセントがそれぞれ出資。ヨーロッパ勢では、ＶＷ、ＢＭＷ、メルセデスの大手3社がＥＶシフトを鮮明にしている。

対する日本勢はメーカー連合で対抗する。出遅れていたトヨタ自動車は、マツダ、デンソーを加えた3社でＥＶ開発のための新会社を立ち上げた。今後、ダイハツ、スバル、スズキや部品メーカーも巻き込んだ大連合に発展する可能性もある。

ようやく動き始めたトヨタだが、ＥＶ開発が迅速に進むかは不明。企業連合が大きくなり過ぎている。ＥＶの構造は簡単で、テスラの例を見ても分かるように、単独で短期間に開発できるものだ。それをわざわざ大連合にすることにより、これまでと同じようなスローな意思決定に戻ってしまっては元も子もない。

不可解なのがＧＭ（ゼネラルモーターズ）。電動化への対応自体は早く、２０１０年に「ボルト」を発売しているが、これはＰＨＶの一種。本格的な純粋ＥＶである「ボルトＥＶ」を発売したのは２０１６年末のこと。ＧＭは２０１７年10月、２０２３年までにＥＶとＦＣＶを合わせて20車種以上発売すると発表した。総合的に見て、トヨタより半歩ほど前に出ているだけだ。トヨタ、ＧＭというガソリン車時代の両雄がこれまでのような圧倒的な地位を維持することは難しいだろう。

注目されるのは異業種からの新規参入企業群。アメリカのアップル、イギリスのダイソン、中国の蔚来、楽視、小鵬、前途など。特に、情報・インターネット関係の企業は動きが早そうで目が離せない。

図36 EV戦争のメインプレーヤーたち

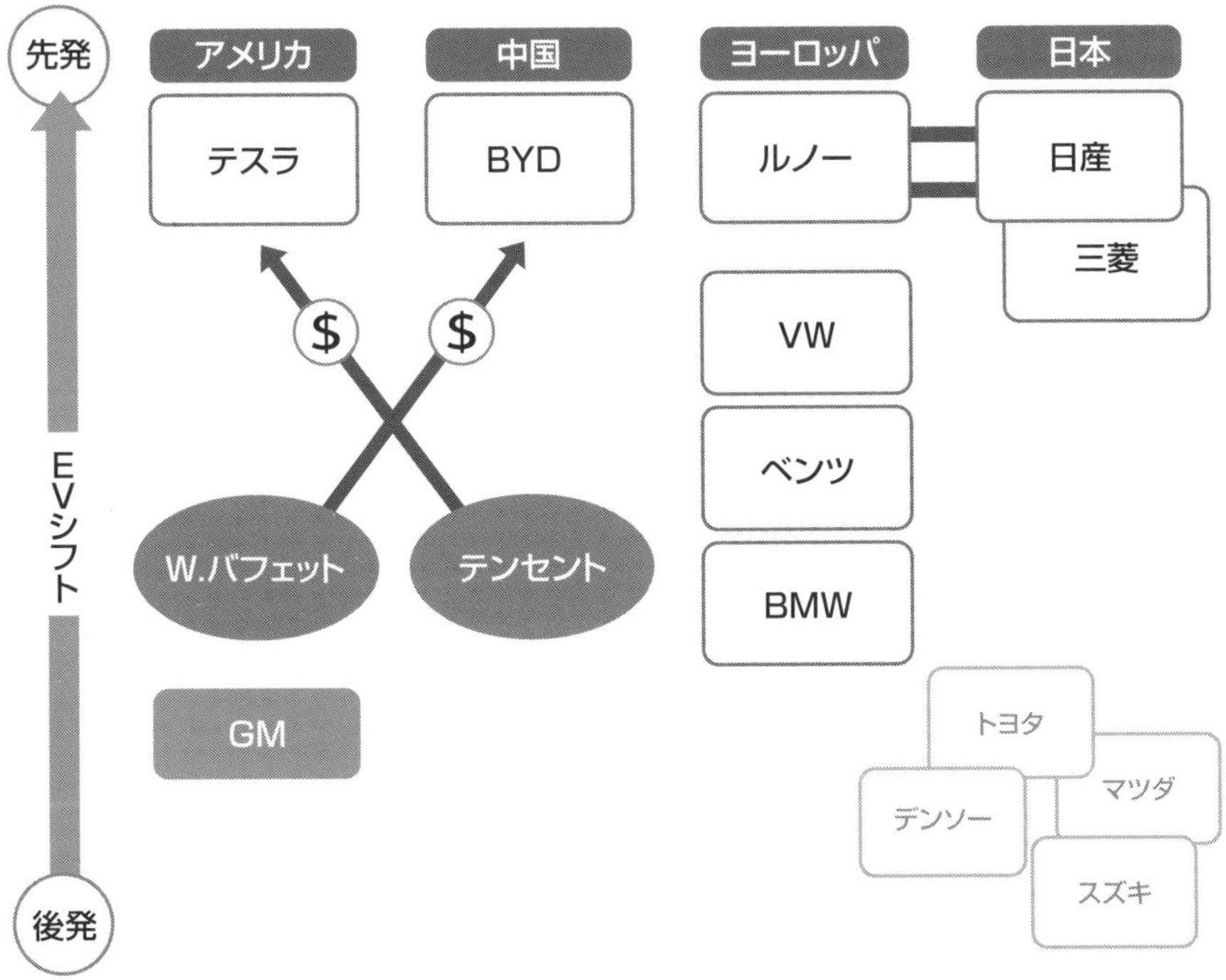

（出所）著者作成

37 「e-POWER」で躍進の日産

プリウスを抜いたノート

２０１６年11月の車名別新車販売台数で首位に立った日産「ノート」は、その後も好調を維持し、17年上半期の販売台数でも「プリウス」に次いで2位の座を確保した。その躍進の原動力が「e-POWER（イーパワー）」。

「e-POWER」は、16年に日産が発表したシリーズ方式のハイブリッドシステム。エンジンで発電した電気を使ってモーターだけで走行する方式で、量産型のコンパクトカーに搭載されたのは世界で初めてのこと。「e-POWER」はモーターだけで走る方式のため、その駆動システムはＥＶと変わらない。そこに目をつけた日産は、「リーフ」の駆動システムを流用し、迅速に「ノートe-POWER」を開発することができた。新型「リーフ」と同じようにアクセルだけで加減速する「ワンペダル走行」が可能。

「ノートe-POWER」の大成功を受けて、日産は早速「e-POWER」の第2弾を公開した。10月25日に開幕した東京モーターショーは出展メーカーが少なく、全体的に低調な感じだったが、日産の展示場だけは勢いがあった。そこで新型「リーフ」「ノートe-POWER」と並んで展示されたのが「セレナe-POWER」。

その発売は18年春になるらしい。公開情報によると、搭載される「e-POWER」ではツインモーターの採用により「ノート」より高出力となり、バッテリーの容量もアップする。人気車種「セレナ」は「e-POWER」の採用でさらに人気が上がることは間違いない。

筆者が「e-POWER」に注目する理由は、シリーズ型ハイブリッド車がバッテリー容量を大きくしていくことでＰＨＶから純粋ＥＶへと進化できる構造であること。「ノート」も「セレナ」も是非早期に進化を始めて欲しい。

図37 e-POWERで躍進の日産

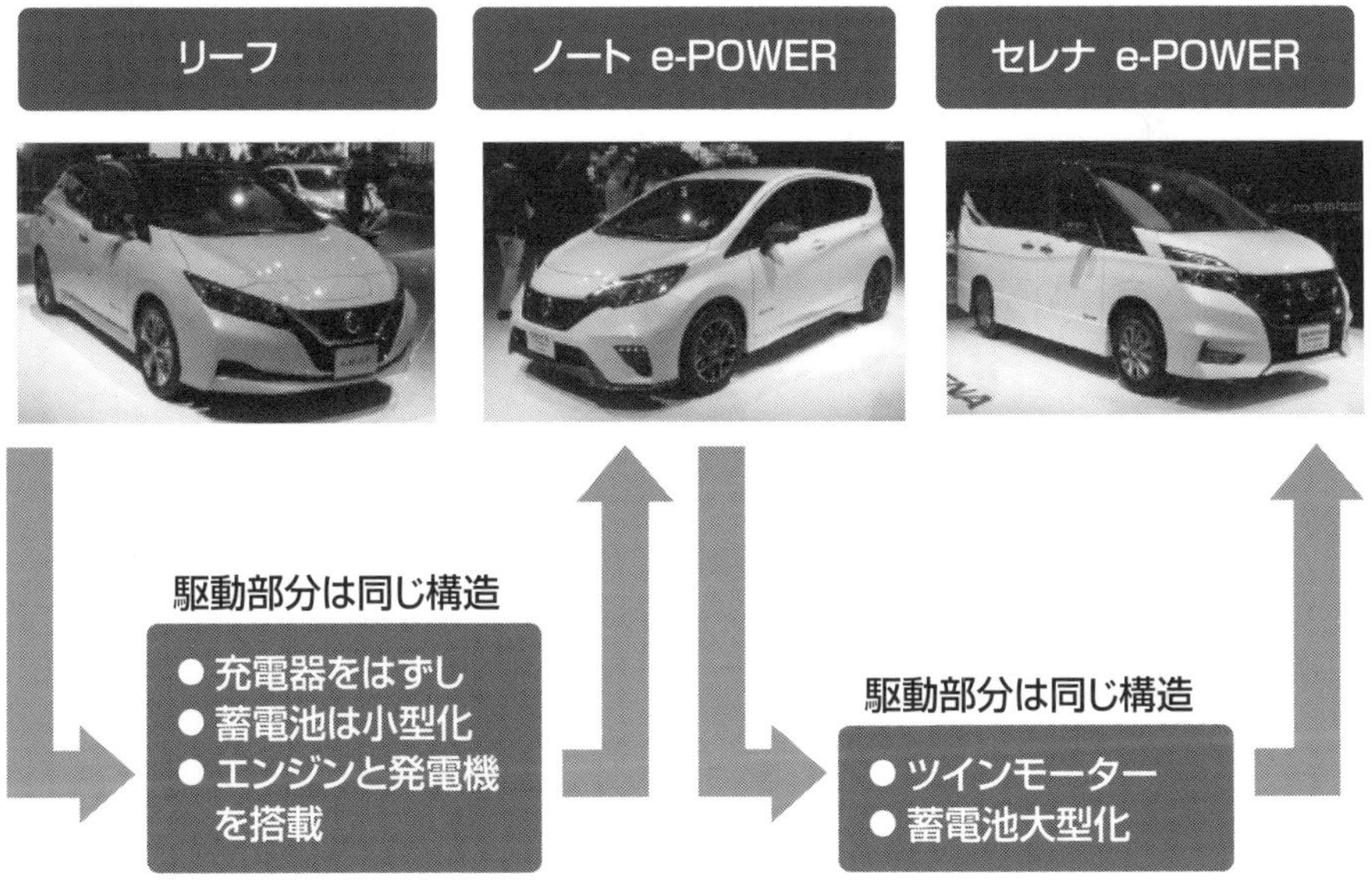

（出所）著者作成

38

カルロス・ゴーンの日産、ルノー、三菱のEV戦略

ＥＶ世界制覇の野望

カルロス・ゴーン氏は、ルノーの取締役会長兼ＣＥＯ（最高経営責任者）、日産の会長、三菱自動車の会長を兼任するＥＶ推進のキーパーソンだ。

ルノー・日産に三菱を加えた３社連合は２０１７年９月15日、２０２２年までの中期経営計画を発表した。ゴーン氏は、新たに12車種のＥＶを投入し、３社共通のプラットフォームも用意し、電動車が販売に占める比率を30％まで高めるという方針を示した。

価格低減のネックである電池コストは30％削減を目指す。また、完全自動運転を２０２２年に実現することや、コネクテッド技術の強化策などにも言及した。

３社連合の中でＥＶへの参入が一番早かったのは三菱。09年に世界初の量産型ＥＶ「i-MiEV」を発売。残念ながら18年にも生産中止との見方もあるが、13年１月発売の「アウトランダーＰＨＥＶ」の方は好調を維持している。

日産も10年に発売した「リーフ」の累計販売が約28万台で車名別で世界トップ。17年に２代目を発売。ルノーもＥＶ「ゾエ」が欧州でＥＶのベストセラーとなり、３社のＥＶの累計販売台数は50万台を超え、メーカー別でも世界首位。しかし、テスラの「モデル３」の予約台数が50万台を超えるなど、競争はますます激しくなっている。

３社連合の武器は、スケールメリット。17年上期は３社連合で初めて世界販売台数トップに立ち、16年に上位３社のフォルクスワーゲン（ＶＷ）、トヨタ自動車、米ゼネラルモーターズ（ＧＭ）を凌駕した。これで、世界の自動車産業は年間販売台数１０００万台規模の「トップ４」が競い合う構図となった。この中で、３社連合は２０２２年までに４割増の年間１４００万台に伸ばす計画だ。

図38 カルロス・ゴーンの世界戦略

グループ中期経営計画〜2022年

ルノー	日産	三菱
ゾエ	リーフ	アウトランダーPHEV

- 新たな12車種のEV
- 3社共通のプラットフォーム
- 電池コスト30%削減
- 完全自動運転コネクテッド技術

強力なリーダーシップ

自動車総販売台数1400万台

販売台数に占める電動車の比率30%

世界制覇を目指すカルロス・ゴーン氏

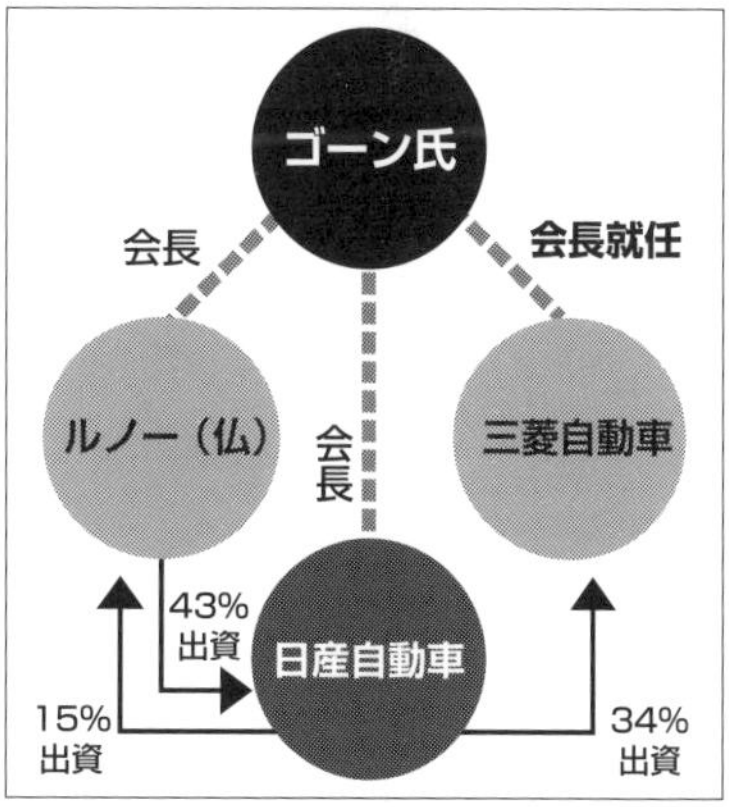

3社のトップに立つゴーン氏

（出所）著者作成

39 EVシフトを鮮明にした VWとボルボ

VWは排ガス規制不正でEVシフト

２０１５年９月18日、フォルクスワーゲン（ＶＷ）によるディーゼルエンジンの排出ガス規制不正があったと米環境保護庁が発表した。これを機にディーゼル車がエコカーではない、との認識が高まった。

それから９カ月後の16年６月、ＶＷは中期経営戦略「TOGETHER」を公表。「２０２５年までに、電動化車両を30車種以上投入する」と発表した。それまでのディーゼル車中心からＥＶへの大転換であった。

ＶＷのＥＶ化計画はその後も加速している。17年９月には、２０２５年までに約50車種のＥＶと30車種のＰＨＶを設定し、２０３０年には、アウディ、ポルシェ、ベントレー、ブガッティを含むグループ全体で約３００種類以上あるモデルの全てにＥＶ・ＰＨＶを設定する計画「Roadmap E」を発表。また、電動車の世界販売台数を全体の４分の１に当たる３００万台にし、その半分の１５０万台を中国向けとする。

他のヨーロッパ勢もＥＶシフトを強化している。一番急進的なのがスウェーデンのボルボ・カー（ボルボ）。17年７月、ガソリン車の生産を段階的に廃止し、19年以降に発売する全ての車種をＥＶやＨＶにすると発表。生産する全ての車種を電動車に切り替える計画を発表したのは大手自動車メーカーの中では初めて。

世界の大手自動車メーカーはＥＶ化に向かって舵を切ったとは言え、ガソリン車・ディーゼル車の比率が高いため、そのシフトは段階的にならざるを得ない。しかし、ＥＶ専業のテスラの躍進を見て、ボルボは思い切った方向転換をしたとみられる。

ボルボはスウェーデンのイエーテボリに本社を置くが、現在は、中国の自動車メーカー、浙江吉利控股集団（ジーリーホールディンググループ）の傘下にある。世界最大のＥＶ市場、中国の親会社からの影響も大きいものとみられている。

図39 EV シフトにそれぞれの事情

VW

ディーゼル車中心の
エコカー戦略

ディーゼル車
不正発覚

EVにシフト

Roadmap E

- 2030年までにグループ300車種全てに電動車を設定
- 電動車の世界販売台数300万台（中国向け150万台）

ボルボ

ディーゼル車中心の
エコカー戦略

中国企業の
傘下に

テスラの
躍進

EVにシフト

2019年以降

- 全ての車種を電動車に切り替え

フォルクスワーゲン　e-Golf

（出所）著者作成

40

世界一目指す
中国のEVメーカー、BYD

「王朝」シリーズに世界の目

世界のＥＶ革命の推進者は、テスラのイーロン・マスクＣＥＯ、日産自動車のカルロス・ゴーン会長、ＢＹＤの王伝福・董事長の３氏である。その中で一番有利な立場にあるのが王氏だ。世界最大の自動車市場・中国を持つことが大きい。

その王氏が１９９５年に立ち上げた電池メーカーがＢＹＤ。その後、電池事業のノウハウを活かしてＥＶ事業に参入。２００３年には自動車部門をＢＹＤオートとして別会社化し、08年12月には世界初の量産型プラグインハイブリッドカーの「Ｆ３ＤＭ」を発売した。本社はＢＹＤ、ＢＹＤオート共に深圳市にある。

ＢＹＤは純粋ＥＶである「ｅ６」を11年に発売。３万ドル以上という価格のため一般ユーザー向けではないが、11年からは深圳市のタクシーとして採用が進み、現在も現役で使われている。１充電あたりの航続距離３３０キロメートル。13年には、ＰＨＶタイプの「秦」を発売。容量13キロワット時（ｋＷｈ）のバッテリーにより、ＥＶレンジ（モーターだけで走れる距離）は70キロメートル。「秦」は15年までベストセラーＰＨＶの座にあり、16年12月までの累計販売台数は約６万９０００台に達した。２０１６年３月には純粋ＥＶタイプの「秦ＥＶ３００」が発売されている（航続距離は約３００キロメートル）。

「秦」に続いて15年に「唐」が発売された。コンパクトセダン「秦」に対して「唐」はＳＵＶ（スポーツ多目的車）。18・4ｋＷｈのバッテリーを搭載し、ＥＶレンジ80キロメートルを実現。「唐」は16年、中国の電動車の中で販売台数１位を記録。17年2月までの累計販売台数は約5万台。その後、「宋」「元」という2種類のＰＨＶを発売。これら「秦」「唐」「宋」「元」を合わせて「王朝シリーズ」と呼ばれるが、17年4月の上海モーターショーで、「王朝」(Dynasty) という試作車が披露された。「王朝」に世界の目が集まる。

図40 中国 EV 最大手「BYD」

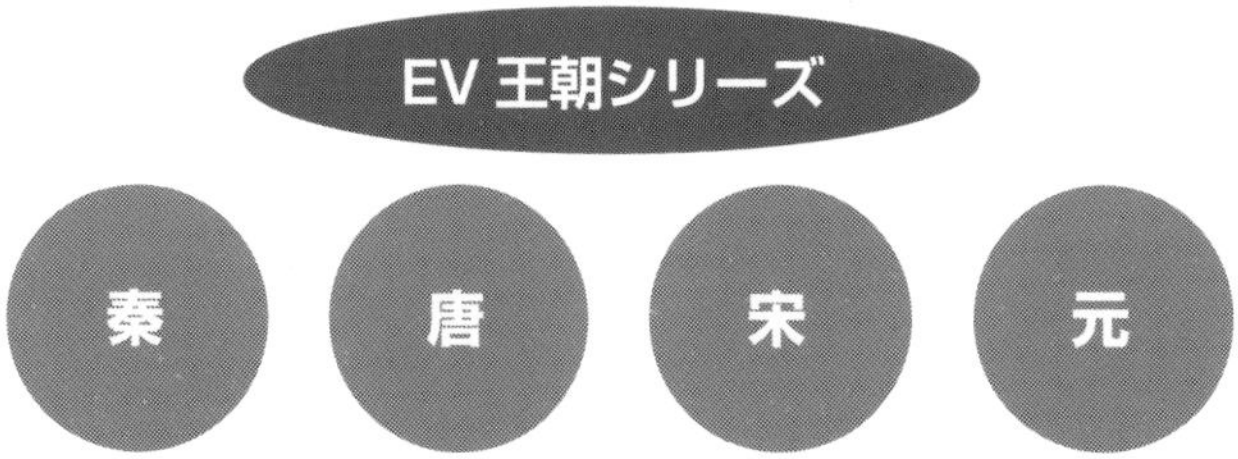

深圳郊外の高速道路を走る BYD「唐」

（出所）著者撮影

図解EV革命 COLUMN

GMのEV戦略「Volt」の次は「Bolt」！

ＧＭは、紛らわしい名前の電動車を2車種販売している。それが、「Bolt」と「Volt」。ヨーロッパ系の言語では「Ｂ」と「Ｖ」は表記も違うし、発音も違うのだが、日本人にとってはどちらの車もカタカナ表記は「ボルト」となってしまうし発音も同じだ。「Bolt」はＧＭが２０１６年に生産・納車を開始した純粋ＥＶ。もう一方の「Volt」は10年12月に発売したシリーズ方式のＰＨＶで、全く違う車だ。

「Volt」が採用しているシリーズハイブリッド方式と言えば、日産の「ノートe-POWER」と同じ方式だ。両者の違いは、「e-POWER」が外から充電できず、ガソリンだけをエネルギー源として走るのに対し、「Volt」は外からの充電が可能で、電気だけで走れる距離（ＥＶ走行距離）が80キロメートルを超えること。電気がなくなった後は、「e-POWER」と同じようにガソリンエンジンで発電し、モーターに電気を供給しながら走る。

「Volt」のような電動車を「航続距離延長型ＥＶ」と呼ぶこともあるが、分類的にはプラグインハイブリッド車（ＰＨＶ）の一種。ただし、トヨタの「プリウスＰＨＶ」とは駆動方式が異なる。

「Volt」の名前は、電圧の単位であるVoltに由来していることは言うまでもない。対する「Bolt」は、Thunderboltの短縮形。だから日本語では「雷電」あるいは「稲妻」といったところ。さて、この二つの車、どうもアメリカ人にとっても紛らわしいようで、最近は純粋ＥＶの方は「Bolt EV」と表記している。

さて、名前はともかく、ＧＭにとって「ボルトＥＶ」はテスラ「モデル3」の対抗車として極めて重要な車だ。「モデル3」は、価格的にはＧＭ「Bolt」とほぼ同等。航続距離も、計測の仕方で多少上下するが基本的に同等と考えて良い。「ボルトＥＶ」対「モデル3」。そこに日産「リーフ」がどう絡めるのか、期待は膨らむ。

第七章　ＥＶ革命　１１０兆円市場の衝撃

41

電気自動車の構造

EV化と自動運転が加速

電気自動車（EV）とは文字通り電気で走る車。エンジンの代わりのモーター、ガソリンの代わりのバッテリー、それから、出力の調整などを行う制御装置。これがEVの3点セットで、簡単に言ってしまえば、これだけで十分スムーズかつ力強く走れる。

一方、EV化と並んで進んでいるのが自動運転。「オール電化」のEVはガソリン車より自動運転化し易い。テスラ車には、すでに「完全自動運転機能対応のハードウェア」が搭載されているし、日産の新型「リーフ」は、ボタン操作ひとつで自動的に駐車ができる「プロパイロットパーキング」と名付けたシステムを採用している。

さらに、一歩進めて、車をクラウドと接続することにより、自動運転の他、安全性向上、車内エンターテインメント、車両管理、走行管理などを提供する「コネクテッドカー」への進化も始まっている。そのためのカメラ、センサー、制御装置などがEVには多く使われるようになる。

本来、自動車のEV化と自動運転は直接の関係はないのだが、「電気製品」であるEVは情報通信や自動制御と相性が良いため、両者は同時並行的に進んでいる。EV化によって自動車本体の部品点数は大幅に減ってしまうが、自動運転に関わる部品や装置を加えると、金額的にはむしろ拡大するという見方もある。

英コンサルティング大手プライスウォーターハウスクーパース（PwC）は、世界EV市場は2016年の年産66万台から、2023年度には357万台と5倍強に成長すると予測している。

また独コンサルティング大手ローランド・ベルガーは、EV化と自動運転化により、自動車部品市場は、15年の7000億ユーロ（約91兆円）から2025年に8500億ユーロ（約111兆円）以上に拡大すると予想している。

図41 電気自動車の構造図

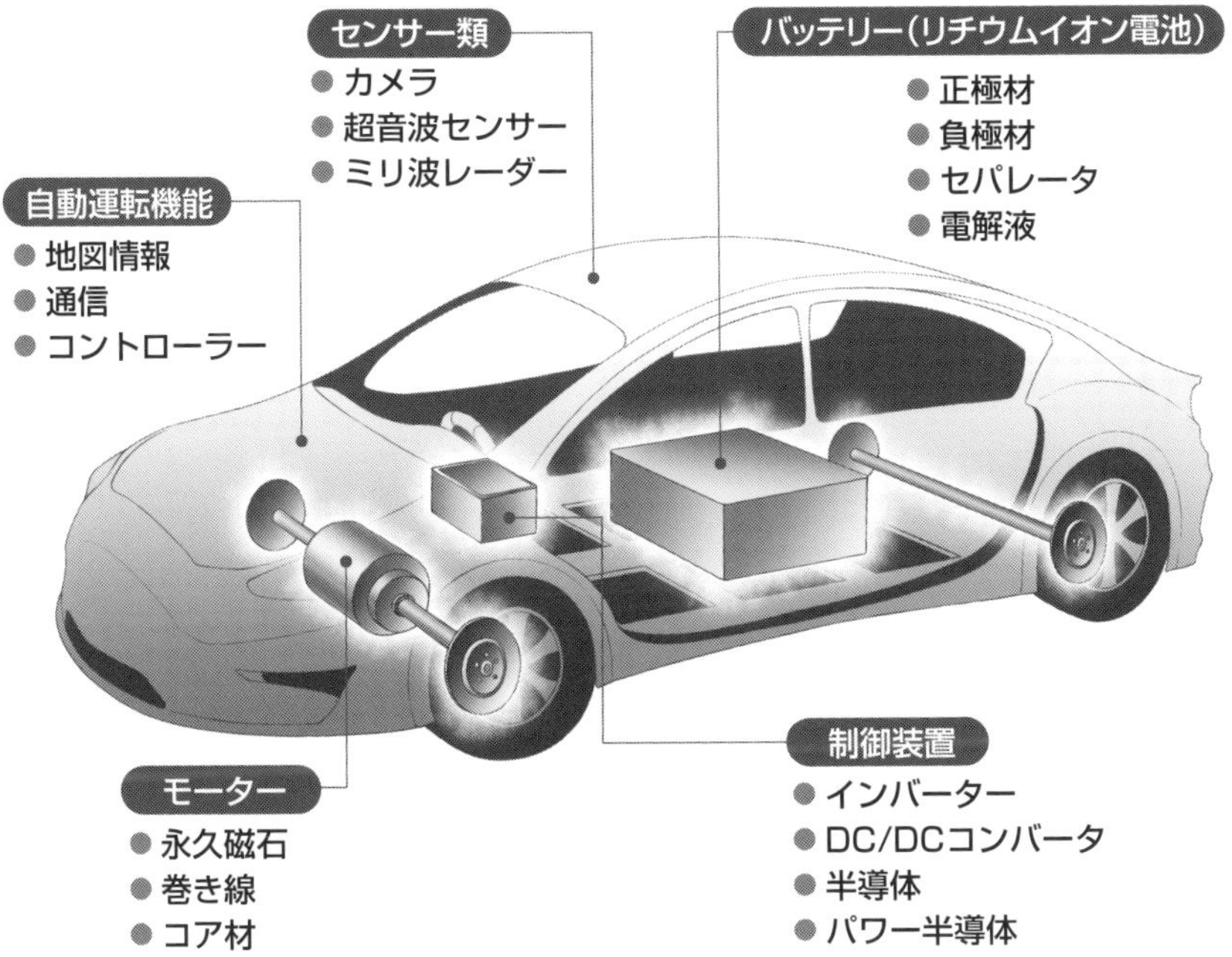

42 EV革命で消える部品、増える部品

電動化でも強い日本の部品メーカー

自動車の電動化が進むことによって、多くの装置や部品、資源が要らなくなり、逆に新しいものが必要になる。要らなくなるものの代表はエンジン。それから、エンジンを動かすための部品であるピストンリングや燃料噴射装置、点火プラグなど。

ピストンリングは日本勢の強い分野だから影響は大きい。世界の市場は、トップ6社（3グループ）で90%を占めるが、その中に日本のリケン、ＴＰＲ、日本ピストンリングの3社が入っている。円環状の小さな部品だが、１０００分の１ミリ単位での精密さが求められる重要部品。それが要らなくなってしまう。

またガソリンが不要なので、ガソリンスタンドがなくなり、10兆円といわれるガソリン市場が消える。また、オイルも必要なくなる。

一方、新しく必要になるものの中にも、日本の得意分野が含まれる。

最初がモーター。テスラは誘導モーターだが、日本勢は永久磁石同期型を使っている。このタイプのモーターで要になるのが強力なネオジム磁石。日立金属がこの磁石に関する基本特許を保有しており（14年に期限切れ）業界最大手である。

ネオジム磁石は文字通りネオジムというレアアース（希土類）を使う。問題は、その供給量の90%以上を中国が占めること。その中国が一時輸出規制を行ったことで、日本のユーザーがパニックに陥ったことがある。しかし、その後、日本の磁石メーカーが中国以外の供給元を開拓し、レアアースを使わないか、あるいは使用量を抑えた技術を開発するなどで、危機を脱している。

2番目はバッテリーでこれも日本の強い分野だ。ほとんどの市販車で使われているリチウムイオン電池の実用化に日本人研究者が大きく貢献したし、現在、ＥＶ用リチウムイオン電池ではパナソニックが世界シェア1位である。

図42 EV時代に減るもの vs. 増えるもの

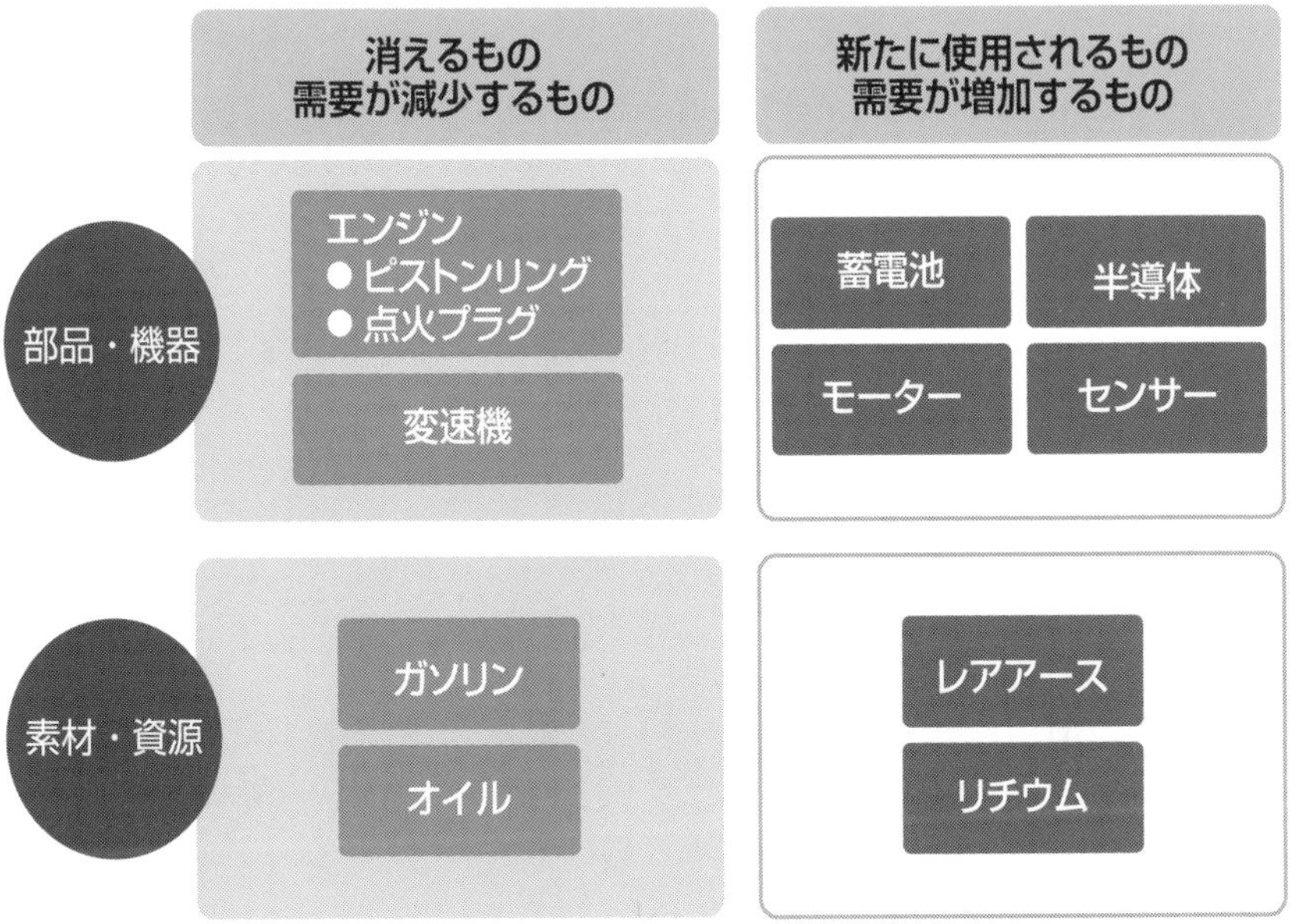

（出所）著者作成

43

EVを巡る電池業界の競争

世界首位のパナソニック、韓国勢が猛追

ＥＶの弱点の一つは航続距離が短いこと。ＥＶ勝負＝バッテリー勝負、と言っても過言ではない。

２０１７年10月26日、ＥＶ用電池で世界シェアトップのパナソニックは、生産拠点がある日本、中国、米国で一斉に増産すると発表。パナソニックの強みはテスラとの強い関係だが、トヨタにも供給し、フォードなど5社10車種以上に供給、もしくは供給することを決めている。

追い上げ急なのが韓国勢。ＬＧ化学はＧＭと17年モデルの「ボルトＥＶ」の電池を供給することで合意した。「ボルトＥＶ」は航続距離２００マイル（３２０キロメートル）を誇る純粋ＥＶ。ライバルであるサムスンＳＤＩ（サムスングループ）も負けてはいない。14年、ＢＭＷに対し電池セルの供給拡大に関する覚書に調印した。今後数年にわたってＢＭＷの「ｉ３」や「ｉ８」の他、新たに追加される電動車用の電池セルを供給する。

このような電池メーカーが台頭し、自動車メーカーを支配するかも知れない、との懸念がある。そのため、日産はＮＥＣとの合弁でオートモーティブエナジーサプライ（ＡＥＳＣ）を設立、「リーフ」用電池を内製してきた。しかし、日産は、17年8月、ＡＥＳＣの事業を、中国の民営投資会社ＧＳＲキャピタルに譲渡すると発表。ＮＥＣグループが日産に売却するＡＥＳＣ株式も中国系ファンドに17年12月末に譲渡する予定。

ＥＶの中核技術で前途洋々なはずの電池事業を手放すが、日産は「電池の投資競争と距離をおく方がＥＶの開発や生産に専念できる」として自前主義を改めた。日産は、すでに、HV向け電池は日立製作所から、「ノート e-POWER」向けはパナソニックから調達。車載電池の調達を他社から柔軟に行う予定だ。

図43 主役は電池メーカー!?

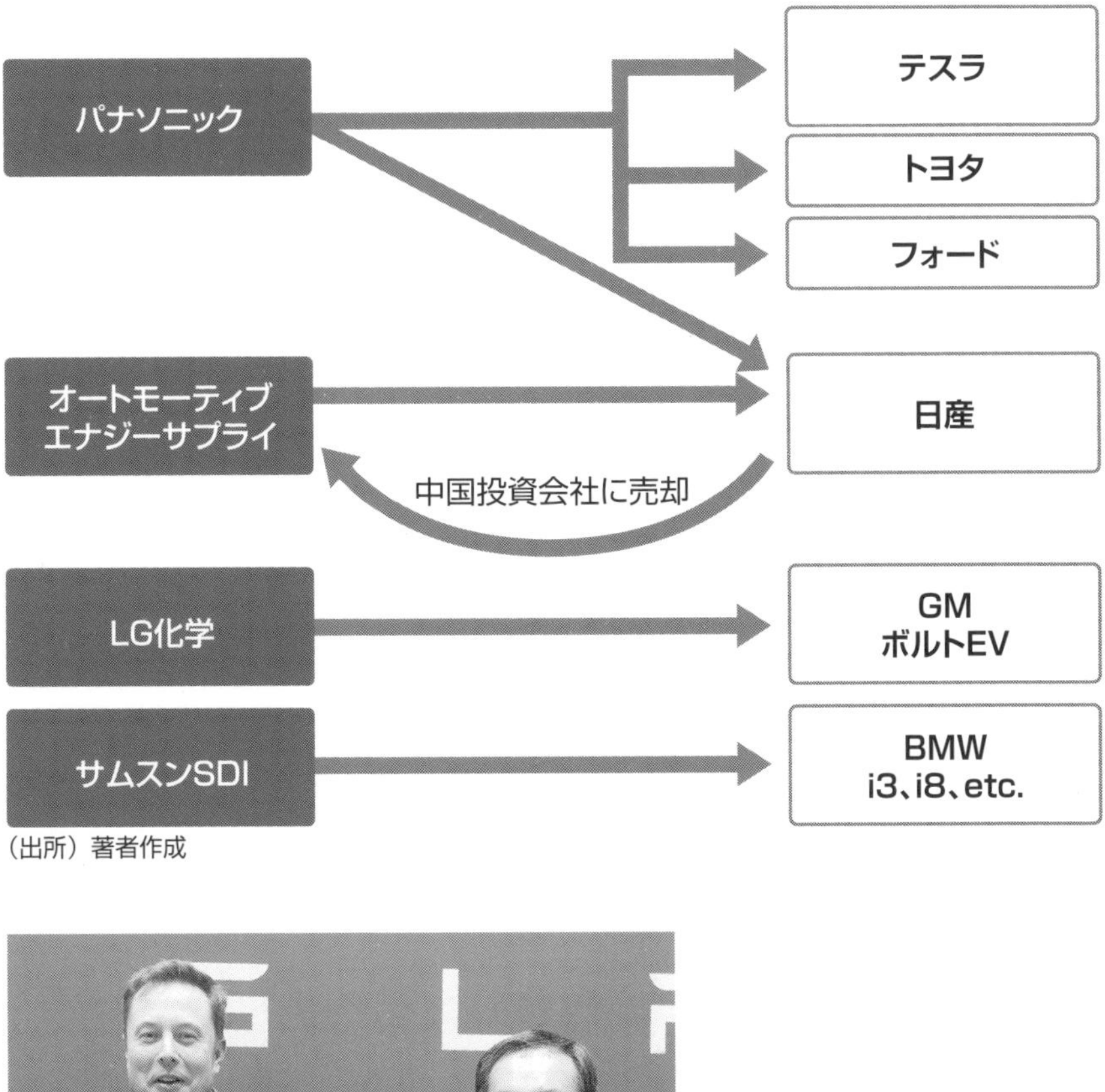

（出所）著者作成

米西部ネバダ州の新電池工場「ギガファクトリー」で、共同記者会見するテスラ・モーターズのイーロン・マスクCEO（左）とパナソニックの津賀一宏社長（2017年1月4日、共同通信）

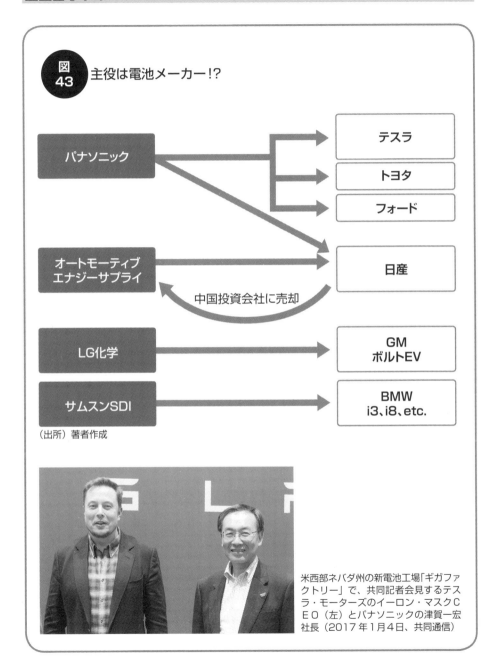

44 全固体電池で2020年代の主役を目指すトヨタ

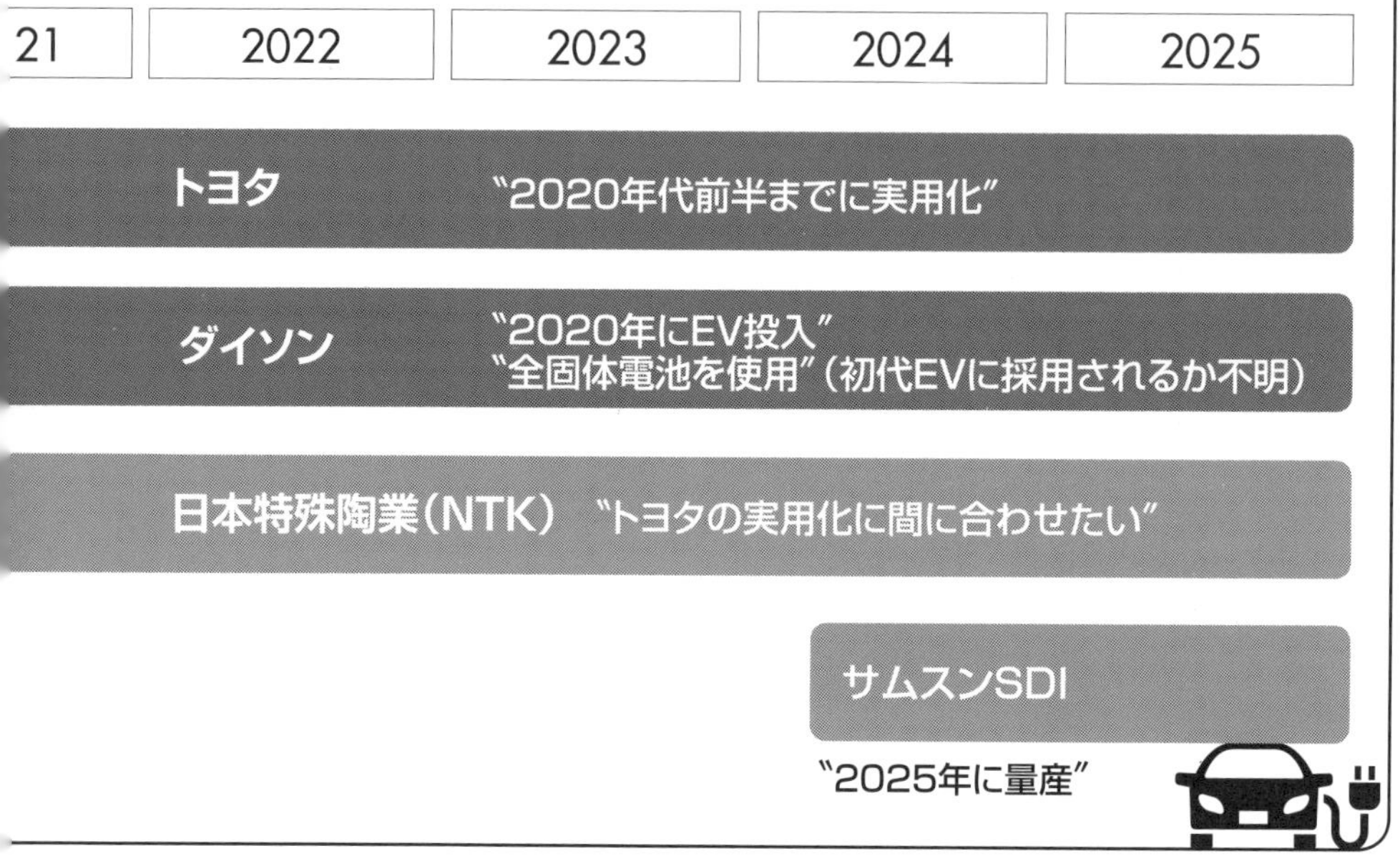
21
2022
2023
2024
2025
トヨタ
"2020年代前半までに実用化"
ダイソン
"2020年にEV投入"
"全固体電池を使用"（初代EVに採用されるか不明）
日本特殊陶業（NTK）
"トヨタの実用化に間に合わせたい"
サムスンSDI
"2025年に量産"

トヨタの起死回生の策

トヨタ自動車が、東京モーターショー２０１７で、起死回生となりそうなＥＶ参入計画を発表した。２０２０年代前半までにＥＶ用の全固体電池の実用化を目指すというのだ。全固体電池については、韓国サムスンＳＤＩが２０２５年に量産する計画を発表している。また、ＥＶ参入を表明したダイソンも、全固体電池を使用するとしている。

全固体電池は、リチウムイオン電池の一種で、全ての部材を固体で構成する電池。既存のリチウムイオン電池では電解質として液体が使われるのに対し、固体の素材を使っている点に特徴がある。液漏れのおそれがないため発火などの危険がなく、また正極と負極の接触を防ぐセパレータが不要などのメリットがある。

しかし、次世代電池として注目を集めている最大の理由は、現在のリチウムイオン電池と比べてエネル

図44 全固体電池実用化の時期

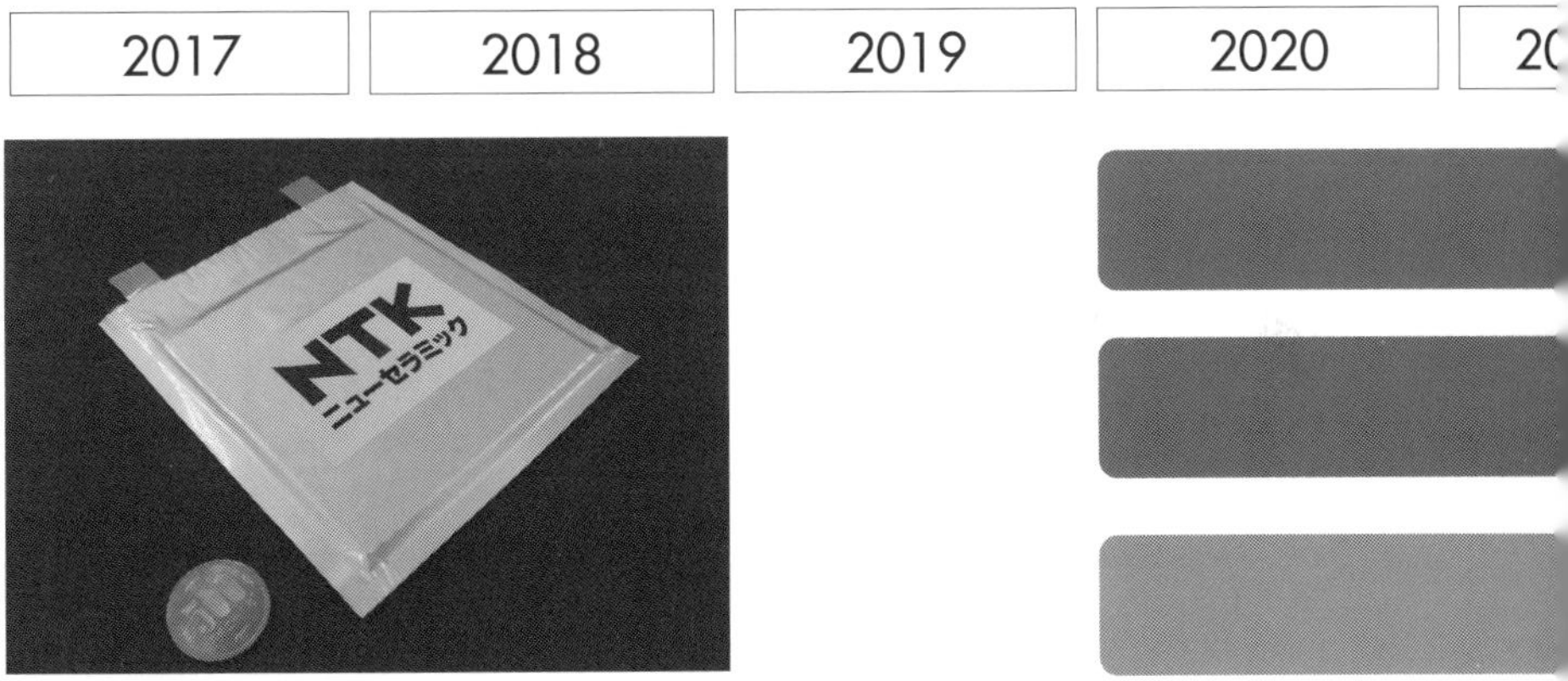

●大容量化
●小型化
●安全性アップ

（出所）各社発表を基に著者作成、写真は日本特殊陶業

ギー密度が高く、寿命の長い電池を作ることができる可能性があることだ。トヨタの全固体電池で実現可能な体積エネルギー密度は約３００ワット時毎リットル（Ｗｈ／ℓ）～８００（Ｗｈ／ℓ）と推定され、現行のリチウムイオン電池の１・５～４倍と見込まれている。

新しい技術が出てくると、新しいメーカーが出現する。トヨタ、ダイソン以外で目立っているのが日本特殊陶業。開発中の全固体電池を「東京モーターショー２０１７」に出展した。開発中のため、仕様などは明らかにしていないが、実用化時期に関しては、トヨタが２０２０年代前半と発表した以上、「それに間に合わせたい」としている。

トヨタのＥＶ参入は、ＥＶ業界全体に刺激を与えられる。全固体電池を予定通り実用化できれば、これまでの遅れも一気に取り戻せる可能性もある。その場合、自前の技術にこだわる必要はない。トヨタが２０２０年代の主役になれるか注視したい。

45

素材メーカーに追い風 住友金属鉱山（正極材）など

大きなビジネスチャンスが到来

ＥＶ化の進展は電池の需要増をもたらす。日本特殊陶業にとっては、ＥＶ化で不要になるスパークプラグについてマイナスだが、開発中の全固体電池が実用化されれば、大きなビジネスチャンスにつながる。

電池需要が増えれば、正極材料、負極材料、セパレータなど、電池の材料市場も拡大する。いずれも日本企業が世界のリーダーだ。正極材世界シェア1位は日亜化学で、コバルトを使った正極材を作ってきた大手。1993年には、青色発光ダイオードを製品化して有名になったが、96年より電池材料の製造を始めた。車載用リチウムイオン電池向けでは、三元系（コバルト、ニッケル、マンガン使用）の正極材も製造している。

ビジネスを拡大しているのが住友金属鉱山。17年7月、電池用正極材料であるニッケル酸リチウムの生産設備の追加増強投資を行うと発表した。この材料は、パナソニックと共同開発したもので、テスラのＥＶにほぼ独占的に使われている。

負極材料メーカーも増産態勢に入っている。負極材料としては、グラファイト（合成黒鉛）など炭素系材料が一般的だが、日立化成が世界シェア30％でトップ、日産「リーフ」など多くのＥＶのバッテリーに採用されている。日立化成は今後5年間で100億円を投じ、負極材の生産能力を4倍にする。主流だった黒鉛系のほか、大容量電池に適したシリコン系などの研究開発にも注力する。

東芝は、負極材としてチタン酸リチウム（ＬＴＯ）を採用したリチウムイオン二次電池「SCiB」を開発中。安全性が高く、充放電を素早くできる特性がある。

セパレータでは旭化成が世界シェアトップ。やはり、2017年3月、生産能力増強を発表した。全固体電池が実用化されるとセパレータは不要になるが、旭化成はその実用化はまだ先と見ているようだ。

図45 電池部品は日本がトップ、素材メーカーに大チャンス

リチウムイオン電池			
	正極材	日亜化学	● 世界シェアトップ ● コバルト系、三元系(車載用)
		住友金属鉱山	● ニッケル酸リチウム(パナソニックと共同開発、テスラで採用)
	負極材	日立化成	● 世界シェアトップ(30%) ● 日産「リーフ」などで採用
		東芝	● チタン酸リチウム(LTO)、充放電が速く安全性高い
	セパレータ	旭化成	● 世界シェアトップ ● 全固体電池では不要に
全固体電池		日本特殊陶業	● 「実用化時期はトヨタに合わせる」

(出所) 著者作成

46 モーターを巡る受注合戦

日本電産が新規参入

ＥＶ用モーターの分野でも動きが活発化している。日本で最初の量産ＥＶである三菱「i-MiEV」は明電舎のモーターを採用したが、日産自動車、トヨタ自動車、ホンダはＥＶやＨＶ用モーターを内製している。

しかし、ホンダが少し方向を修正するようだ。２０１７年7月、日立オートモティブシステムズとホンダは、ＥＶやＨＶに使うモーターの合弁会社「日立オートモティブ電動機システムズ」を設立したと発表した。19年度をメドに量産を開始する予定。持分比率は日立オートモティブが51％、ホンダが49％。

現在、ホンダは、「アコード」「オデッセイ」「フィット」「レジェンド」など11車種にＨＶを設定。内製モーターに加えて新会社からも供給を受けて、ＥＶ、ＰＨＶなど、より幅広い車種への対応が可能になる。

日本電産は、ＨＤＤ用など小型モーター世界一だが、これまでＥＶ用モーターは手がけてこなかった。しかし、17年9月、ＥＶやＰＨＶ向けの駆動用モーターシステム（モーター、減速ギア、インバーターのセット）を開発したと発表した。出力は40～１５０キロワット（ｋＷ）と幅が広い。三菱「i-MiEV」の最大出力は47ｋＷ、「リーフ」は１１０ｋＷ、ＧＭの「ボルトＥＶ」が１５０ｋＷなので、大体、軽サイズからコンパクトカーまでをカバーできる。

世界的なＥＶ化の波に強い危機感を持つのが、自動変速機（ＡＴ）で世界首位のアイシンＡＷ。これまで、ＨＶ向け駆動ユニットは手がけてきたが、今後開発組織を改変し、ＥＶ用駆動ユニットを２０２０年までに商品化して本格展開すると発表した。

モーターの需要が増えれば、モーターを作るパーツの需要も増える。三井ハイテックは17年9月、モーターコアの需要増に対応するため、岐阜県可児《かに》市に工場を新設すると発表した。

図46 モーターも外注の時代へ

東京モーターショー 2017 に出展した日立オートモティブシステムズ

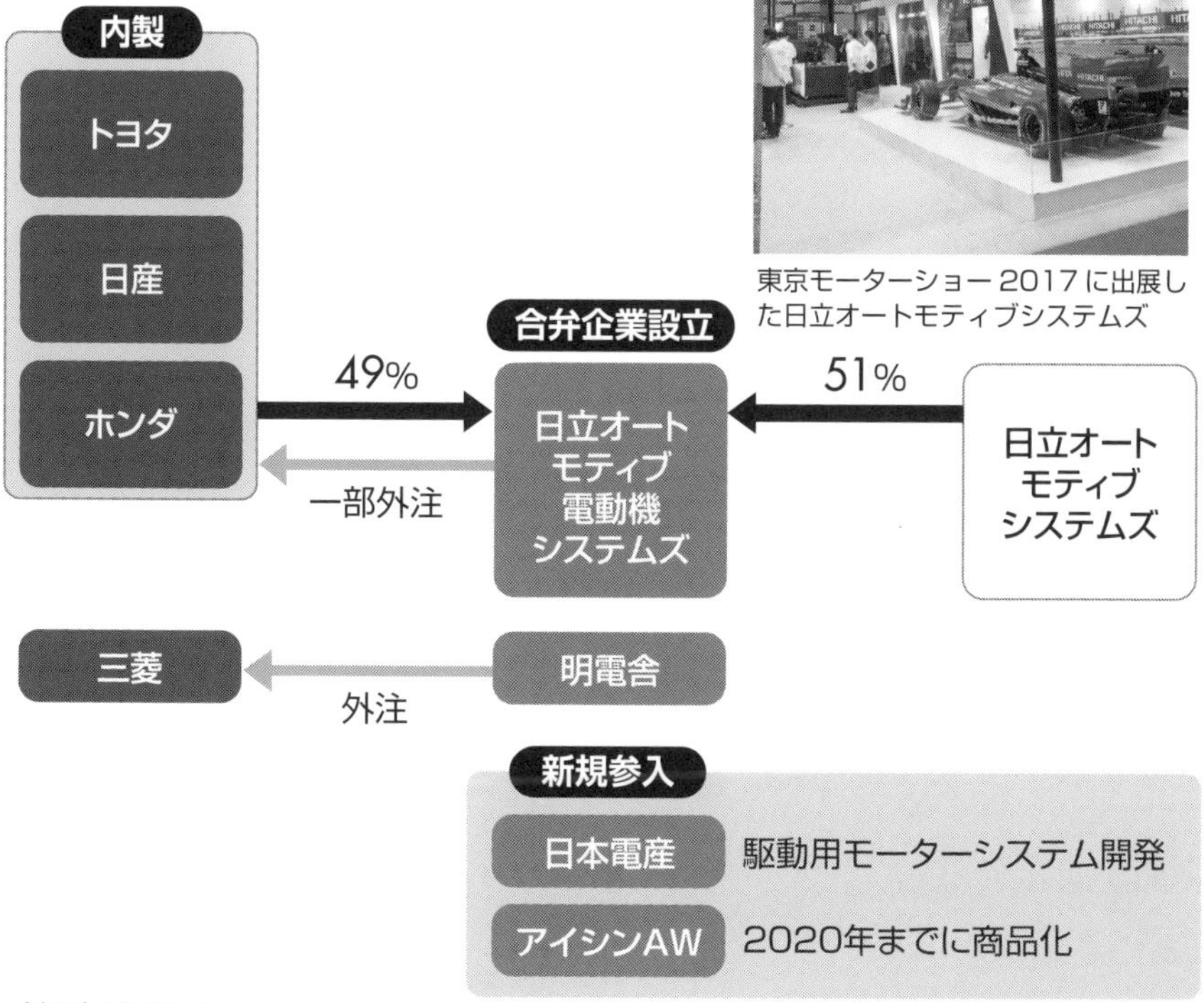

（出所）著者作成

47 モーター最強企業・日本電産が参入

２０１９年に生産開始予定

日本電産は、「回るもの、動くもの」に特化した総合駆動技術の世界ナンバーワンメーカーを目指している。世界シェア80％のＨＤＤ用モーターや「省エネ・長寿命・低騒音」のブラシレスＤＣモーター中心に事業を展開し、実際に多くの分野で世界一の座にある。

しかし、意外なことにＥＶとの関わりはまだ薄い。これまで、中国で普及している「低速電動車」などの駆動モーターを手がけてきたが、本格的なＥＶやＰＨＶ向けのモーターは扱ってこなかった。その日本電産が、いよいよメインモーターの開発生産に乗り出す。

２０１７年９月、日本電産は、ＥＶ及びＰＨＶ向けに、駆動用モーター（日本電産では「トラクションモータ」と呼んでいる）、ギヤボックス、インバータを含めた「トラクションモータシステム（E-Axle）」を新規開発したと発表した。生産開始予定は19年。

筆者が特に注目しているのは、日本電産のモーターの中に、低コストで高性能のＳＲモーター（スイッチトリラクタンスモーター）が含まれていることだ。ＳＲモーターは、コイルによって生み出される磁界が、回転子を引き付ける力によって回転力を生み出すモーターである。

永久磁石は使用せず、回転子は鉄芯だけで構成されるので、構造は極めて簡単。また、高速回転、高出力に適している他、レアアースを使用しないため、資源の節約という観点からも期待されている。

これまでは、騒音や振動が発生することや、低速回転時にトルクの変動が大きい等の欠点のために普及してこなかった。しかし、最近のパワーエレクトロニクスと制御技術の進歩により、これらの短所が克服されつつあり、ようやく普及が始まった。ＥＶ用に実用化されれば日本が誇る新技術になることは間違いない。

図47 日本電産が満を持して車載モーターに参入

“回るもの、動くもの”全てを手がける「世界No.1の総合モーターメーカー」
（日本電産、トップメッセージ）

- HDD用モーター 世界シェア80%
- ブラシレス DCモーター
- 中国低速電動車用 モーター

→ EV用駆動モーター（E-Axle）開発（2019年生産開始）

→ EV用 SRモーター 実用化へ

- 低コスト、高性能
- 永久磁石使用せず
- 日本の強みに
- 建機・農機では実績

期待

（出所）著者作成

日本電産の永守重信会長兼社長

48

半導体、センサー技術で注目される日本企業

ルネサスは中国でEV向け半導体を拡販

２０１７年４月、大手半導体メーカー、ルネサスエレクトロニクスは、自らが主催したDevCon ２０１７で、スズキ「ジムニー」を改造したEVを展示した。ただし、ルネサスがEVそのものに乗り出すのではない。ルネサスが提供するのは、EV、HV向け「１００kW（キロワット）クラス・インバータ・ソリューション」である。

この新製品の特徴は「世界最小クラス（３・９リットル）」というサイズ。特殊なトランジスタに温度センサーを内蔵することで温度管理の精度を高め、ヒートシンクの小型・軽量化に成功。また、モーターと制御装置を統合することで、制御機構も大幅にコンパクト化した。さらに、インバーターの損失も同社従来品と比べ10％も改善しているという。

ルネサスは、この例からも分かるように、マイコンとパワー半導体による、高精度、高効率制御技術を得意とする。この技術を活かして中国でEV向け半導体を拡販する意向で、すでに現地の自動車メーカーからの受注を獲得している。

インバーター向けの新しいパワー半導体を開発する会社もある。デンソーが力を入れるのは、SiC（シリコン・カーバイド、炭化珪素）パワー半導体。SiCは、従来のSi（シリコン）に比べ、電力ロスを大きく低減できるのが強み。現在のSiパワー半導体を使ったインバーターの電力効率が85～90％だとすると、SiCパワー半導体を使えばそれが95～97％になる。SiC製パワーデバイスが広く使われるようになれば、EVの航続距離の向上が期待される。

そのSiCパワー半導体で先頭を走るのがローム。以前から実用化し、すでに世界の電動車の車載充電器やDC／DCコンバータ、それから急速充電器などに幅広く使われている。また、ローム製SiCパワー半導体は、フォーミュラE用インバーターにも採用されている。

「ジムニーEV」by ルネサス
世界最小クラスのインバーターと市販 EV のモーターを搭載

（出所）著者撮影（DevCon 2017）

49 素材・車体構造で注目される日本企業

クルマの常識を覆す

　電動化は車体構造をも変えようとしている。ホンダは、東京モーターショー2017で、「Honda 家モビ Concept」を発表。駐車中は家の一部として3畳ほどの部屋として活用でき、そのままクルマとして外出ができる。排気ガスを発せず音も静かなEVならではの発想である。

　2016年5月20日にrimOnO（リモノ、東京都中央区）は2人乗りの超小型EVを披露したが、車体に布や柔らかいクッション素材を使うなど、車の常識を覆す。車体の柔らかい発泡ウレタンは、三井化学から提供を受けた。三井化学は自動車向け素材提供では日本トップクラスだが、変わりゆく自動車産業を見て危機感を持ち、「材料メーカーなりにこんなものがつくれる」という提案が必要と考えてきた。

　「リモノ」の外装に使った防水性の布は帝人フロンティア製のテント用素材だ。帝人は高機能複合材料を将来の経営の柱と位置づけ、特に自動車用途の強化を急ぐ。17年1月、アメリカの自動車用部品成形メーカー、コンチネンタル・ストラクチュアル・プラスチックス（CSP）社の買収を行った。

　CSPはガラス繊維強化プラスチック（ガラス繊維と樹脂などを混ぜた複合材料）の成形・加工を得意とし、自動車のフードやフェンダーといった外板部品を製造している。今回の買収により、帝人は自動車外板に適したガラス繊維強化プラスチック分野への本格進出を図ると共に、CSPの販路と成形技術を活用して、炭素繊維複合材を自動車業界に売り込む。

　炭素繊維を使った複合材料は、最新鋭旅客機の胴体・翼などに使われているが、今、最も注目されているのが自動車向け。帝人は、2社の技術を融合することで車体の軽量化ニーズに応えていく方針で、アメリカ国内に炭素繊維の工場も建設する。

図49 変わる常識、変わる車体構造と素材

ガソリン車
- 屋外駐車
- 金属ボディ

→

EV
- 屋内駐車可
- 様々な素材

リモノ
ソフトボディ

クッション素材（発泡ウレタン）	外装（テント用素材）
三井化学	帝人
	↓
	炭素繊維複合材

（出所）著者作成

東京モーターショー 2017 に出展した
「Honda 家モビ Concept」

50 地図・自動運転関連

日本発の自動走行システムＺＭＰ

ＥＶ化と共に加速しているのが自動運転。日本でもユニークな挑戦を行っているベンチャー企業がある。それが、自動運転技術やロボットの研究・開発を推進するＺＭＰ。２０１７年10月、政府が推進する「戦略的イノベーション創造プログラム（ＳＩＰ）『自動走行システム』」における、大規模実証実験に参加すると発表した。

ＺＭＰは、自動運転タクシーサービスの実現を目指し、14年から公道での自動運転実証実験を開始しており、17年６月には日の丸交通と配車アプリ開発で協業を開始している。本実証実験に使われる「RoboCar MiniVan」は、市販ハイブリッドミニバンをベース車両とした実験車両。

ＺＭＰはさらに、森ビルと共同で日本初の自動走行宅配ロボット「キャリロデリバリー」の実証実験を17年10月に開始した。宅配ボックスを搭載し、レーザーセンサーとカメラで周囲環境を３６０度認識しながら最大時速６キロメートルで自動走行し、荷物を目的地へ届ける。

自動運転に欠かせないのが、高性能カメラやセンサー。この分野には、ソニー、ケンウッド、クラリオンなどが参入している。その中で、クラリオンは日産自動車の新型「リーフ」向け自動駐車用ＥＣＵ（Electronic Control Unit）をＯＥＭ供給している。このＥＣＵは、クラリオンが日産と長年共同開発を進めてきたアラウンドビューモニター技術をベースとしている。

カメラ、センサーとともに重要なのが高精度地図。地図制作最大手のゼンリンは、「レーザー計測車両」を全国の高速道路で走らせ、２０２０年までに自動運転用の「新種の地図」完成を目指す。そのため、高速道路上や周辺に存在するあらゆる物体とクルマとの距離を誤差数センチの精度で計測し、そのデータを立体地図に追加し、地図の質を高める。

図50 自動運転も加速

自動運転技術

カメラ、センサー

- ソニー
- ケンウッド
- クラリオン

● 「日産」新型リーフ向け ECU(アラウンドビューモニター)

ロボット技術

- ZMP

● 自動運転タクシーサービスの実証実験(「RoboCar MiniVan」)

● 自動走行宅配ロボット「キャリロデリバリー」実証実験

● 戦略的イノベーション創造プログラム「自動走行システム」大規模実証試験に参加

高精度地図

- ゼンリン

● 2020年までに自動運転用新種地図の完成を目指す

(出所)著者作成

51 EV向けの充電スタンド業界

充電時間は5分以下に短縮される

ＥＶの弱点の一つであった航続距離の問題はほぼ解決された。現在の２５０～５００キロメートル（実測値）は十分実用的なレベルだ。残る問題は充電時間の長さ。

現在、一般に使える充電器としては、普通充電器が全国に2万１０００基、急速充電器が７０００基で合計2万８０００基ある。急速充電器は、２０１７年7月末時点で日産の販売店舗に１７６０基、ＮＣＳ（日本充電サービス）の充電スポットに３７７０基以上設置されている。ＮＣＳは、トヨタ、日産、ホンダ、三菱のメーカー4社などが設立した会社。

充電器メーカーとしては、ハセテック、ＮＥＣ、豊田自動織機などがあるが、ユニークなのは、ＪＦＥテクノス。同社が商品化した「Super RAPIDAS」という「超急速充電器」は11年9月、市販車を改造したＥＶを用いて、８分で電池容量の80％（３分で50％）を充電する実証に成功。

残念ながら「Super RAPIDAS」は普及しなかったが、17年になって、ＥＶを従来の3分の1の時間で充電できる新型充電器が登場した。17年4月、急速充電器の国際規格作りを推進している日本の「チャデモ（CHAdeMO）協議会」が、新型の充電器を報道陣に公開したのだ。最大出力は１５０キロワットと現状の3倍。従来は30分程度かかっていた充電をわずか10分程度でできることになる。

さらに、２０２０年をメドに、最大出力を現在の7倍の３５０キロワットまで引き上げるという計画もある。実現すれば、充電時間は５分以下に短縮され、ＥＶ普及が一気に進む。

現在、ＥＶ充電器の規格は世界で4つある。日本のチャデモ、ヨーロッパの「コンボ（COMBO）」、テスラの独自規格、そして中国の「ＧＢ／Ｔ」だ。現状では、チャデモが断トツ1位だが、さらに地盤を固め今後の世界標準を狙うために、中国規格との互換性実現を狙っている。

図51 充電時間の短縮

普通充電

- 3kW
- 8時間

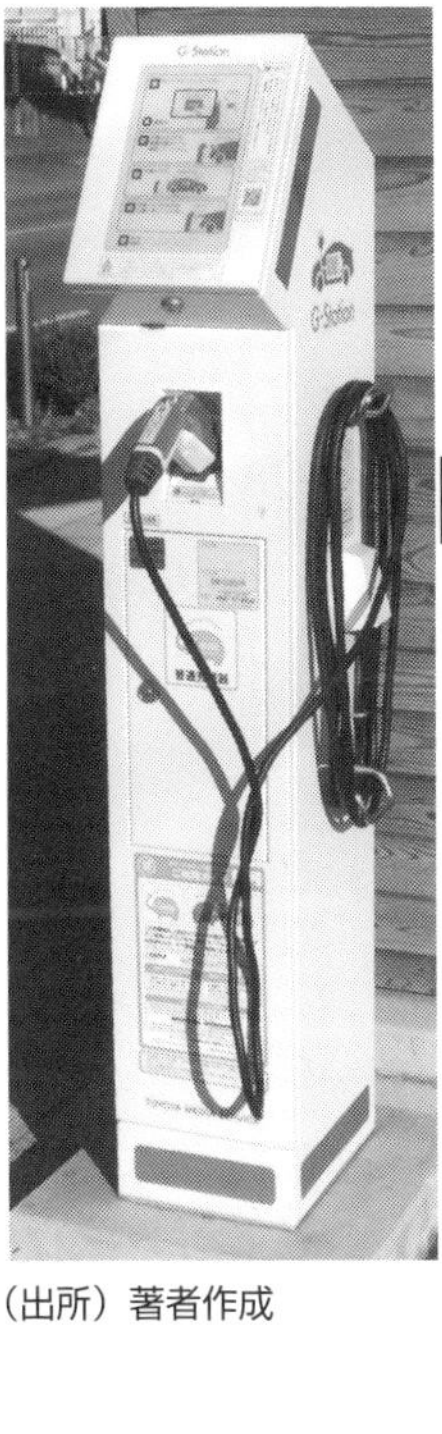

急速充電

- 50kW
- 30分（80%）

超急速充電

- 350kW
- 5分（80%?）

（出所）著者作成

52 新しい充電スタイルが続々と誕生

充電駐車場ビルなど新たな取り組み

ノルウェーは、すでにＥＶが普通に走る国になったが、その背景には、官民を挙げた充電設備設置の努力がある。共有アパートやショッピングセンター、駐車場に普通充電器を設置する際、主要都市では補助金が付くし、首都オスロでは、市の設置した充電所を無料で使える。

２０１６年9月、当時世界最大の急速充電ステーションがノルウェーのネッベンス（首都オスロから北東に約64キロメートル）という街にオープンした。同時に28台ものＥＶの急速充電を可能とする規模だ。設置された28基の急速充電器の中で、テスラスーパーチャージャーが実に20基を占める。対する日本規格のチャデモ対応機は４基。

中国の充電インフラ整備にかける意気込みも半端ではない。17年8月、北京市中心部にある立体駐車場の屋上に、充電器１００基を備えた巨大充電施設がオープンした。

また、中国の送配電最大手、国家電網は17年1月、20年までに充電ステーション1万カ所を建設し、充電スタンド12万基を設置するとの計画を発表。北京、上海、杭州などの大都市では半径1キロメートル以内で急速充電が可能な充電網を形成するというから、町中でのバッテリー上がりの心配はなくなる。

ＥＶメーカーも充電器の拡充に力を入れている。日本の４メーカーが出資し、ＮＣＳ（日本充電サービス）を設立し、急速充電器を３０００基以上設置した。テスラもスーパーチャージャーの拡充を積極的に進める方針を打ち出した。17年初めには世界で約５０００基だったスーパーチャージャーを年末までに倍増させ、１万基まで増やす計画を発表。テスラのＥＶはアダプター使用により、世界に1万４０００基ある日本のチャデモ規格の急速充電器も使用可能なため、テスラのＥＶにとって強い追い風になる。

図52 充電インフラの整備が不可欠

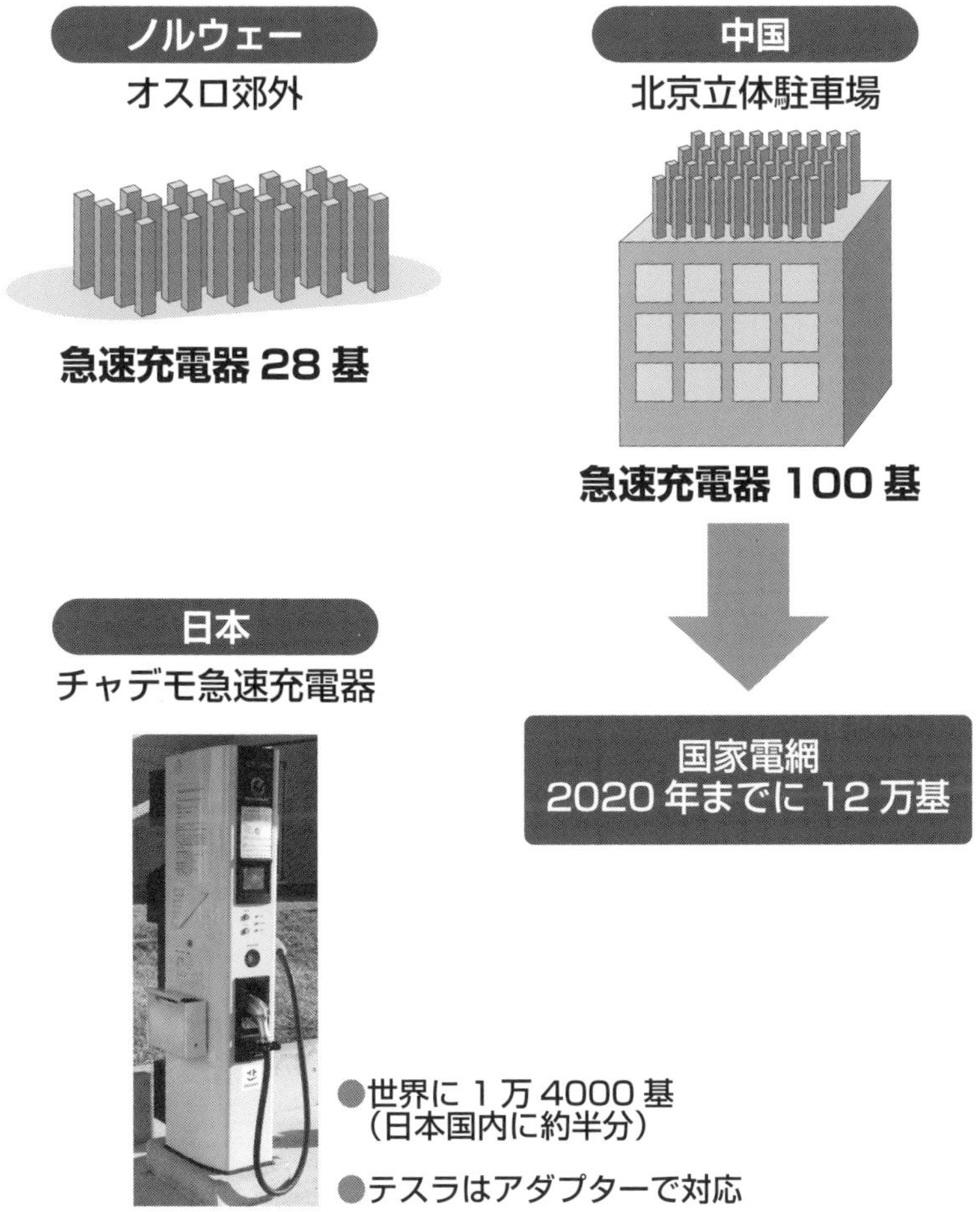

（出所）著者作成

53

太陽光発電＋蓄電＋ＥＶ

太陽光を活用した「真のエコカー」

ＥＶの性能を左右するのは蓄電池。また、ＥＶを「真のエコカー」として使うためには、太陽光などの自然エネルギーで発電する必要がある。

一方、太陽光による不安定な発電を平準化するためには蓄電池が必要だが、駐車中のＥＶの蓄電池を使うこともできる。このように、ＥＶと太陽光発電は並行して発展し、仲を取り持つのが蓄電池というわけだ。

テスラは、ＥＶ、太陽光発電、蓄電池の全てを販売している。テスラはＥＶのバッテリー技術を応用した定置型の蓄電池システム「パワーウォール」を持つが、最近はメガソーラー向けの「パワーパック」も売り出している。さらに、16年にソーラーシティを合併して太陽光発電もラインアップに加えた。

日本では、ＥＶ、太陽光発電、蓄電池を全て揃えているメーカーはないが、日産がＥＶの蓄電池の家庭用活用に熱心だ。15年に「リーフ」から一般住宅に電力を供給するシステム「LEAF to Home」の販売を開始。システムを構成するのは、リーフとニチコンが開発した「ＥＶパワーステーション」で、神奈川県藤沢市にあるエコタウン「Fujisawa SST」でも使われている。

このシステムの元々の目的は、夜間電力でリーフを充電しておき、その電力を昼間に家庭用電源として活用すること（電力消費のピークシフト）。また非常時にバックアップ電源としての活用もできるが、太陽光発電と組み合わせることもできる。

例えば、昼間太陽光発電を使って「リーフ」の電池に貯めておき、夜間にその電力を家庭で使う、というやり方だ（太陽光発電の自産自消）。現在は、太陽光発電による電力の売電価格が高いので、自宅で使って余った分は「リーフ」の電池を充電するより電力会社に売った方が得だ。しかし、将来売電価格が下がった時点では、本来の使い方になるだろう。

図53 太陽光発電と組み合わせたEV充電システム

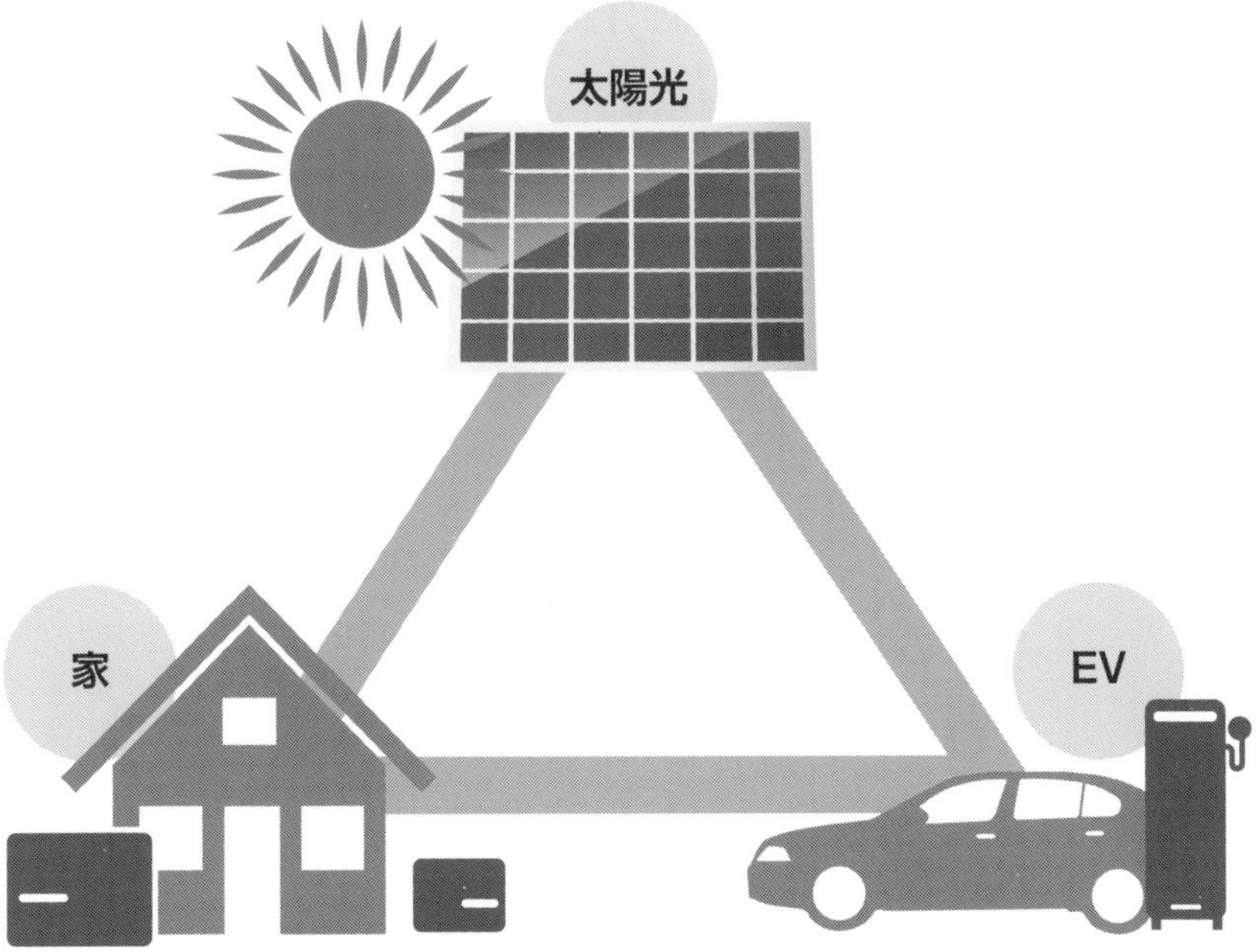

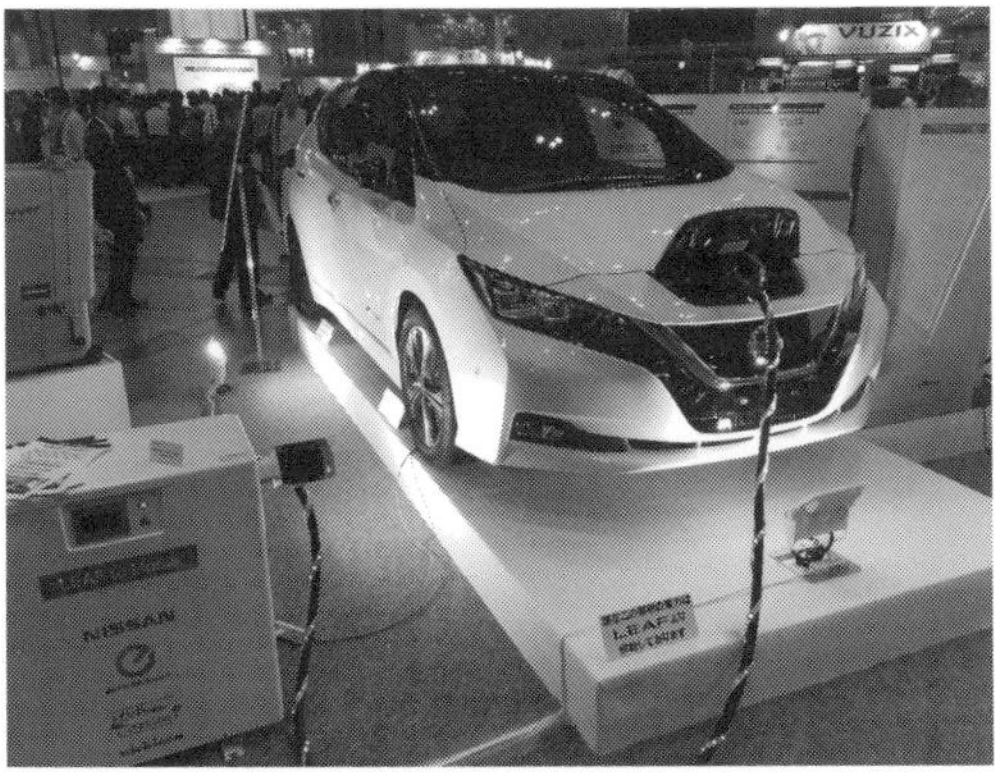

（出所）CEATEC JAPAN 2017で編集部撮影

図解EV革命 COLUMN

EVの「血液」リチウム、水より軽い金属を巡る争い

ＥＶの性能を左右するのは蓄電池だが、その蓄電池の血液とも言えるのがリチウム。そこで注目されるのが資源としてのリチウムで、近年の需要増により２００６～２０１６年の10年の間で、価格は約3倍に高騰している。

リチウム（Li）は、原子番号3、周期律表で一番左の列、水素（H）のすぐ下にある。金属だが、水素、ヘリウム（He）に次ぐ3番目に軽い元素で、比重は０・５３４で水より軽い。

現在の主要生産国はチリ、オーストラリア、アルゼンチン、中国など。その内、チリ、アルゼンチンにボリビアを加えた南米3国のリチウム産出地はリチウムトライアングルと呼ばれている。ボリビアには世界最大のリチウム集積地であるウユニ塩湖があるが、政治的な問題によりリチウム生産の事業化には至っていない。

ウユニ塩湖と言えば、絶景ポイントで有名。ウユニの町の主要産業は観光と塩の生産だ。なぜ、こんな標高３７００㍍の山の上に巨大な塩湖ができたかというと、アンデス山脈が隆起した際に、大量の海水が山上のくぼみに取り残され、その後水が干上がって、塩だけが残ったのだ。

電池関係者にとってはその塩といっしょに産出されるリチウム資源（炭酸リチウム）が重要。そこで、日本はウユニ塩湖でのリチウムの共同開発を目指して、ボリビア政府と交渉を始めた。しかし、ボリビア政府は外国の参加には否定的で、共同開発交渉はあまり進んでいないようだ。

日本は、リチウム資源の１００％を輸入に頼り、その内チリからの輸入が8割を占める。チリにはウユニ塩湖に次ぐ大きさのアタカマ塩湖があるが、ここも標高２０００㍍以上の乾燥地帯だ。

次世代の電池として現在開発されている全固体電池も注目されているが、これはリチウムイオン電池の一種で、電解質が液体から固体に変わるだけ。従って、全固体電池の時代になってもリチウム資源の需要が減るわけではない。

第八章

EV革命で日本の中小企業にチャンス到来

54

ＥＶベンチャー〝巨人〟と握手

独ボッシュと提携したＧＬＭ

日本でもＥＶベンチャーは生まれている。京都に本社を置くＧＬＭは、２００６年に京都大学ＶＢＬ（ベンチャー・ビジネス・ラボラトリー）で発足し、10年４月にグリーンロードモータース株式会社として創業。14年３月に社名をＧＬＭ株式会社に変更した。

早くも06年にはＥＶ化した「トミーカイラ・ＺＺ」の量産を開始。16年のパリモーターショーでは、次世代高級ＥＶスポーツカー「Ｇ４」を公開。その後、17年４月に国内でも披露し、19年に市販すると発表した。価格は４０００万円になるという。

ＧＬＭは大手企業との連携を進めている。安川電機とモーター・インバーター、帝人と樹脂製フロントガラス、旭化成とＳＵＶ（スポーツ多目的車）の試作車の共同開発で提携。

さらに17年７月、ボッシュと共同でモーターやバッテリーを制御するシステムを開発する方針を明らかになった。

もう１社、変わった小型ＥＶを開発するベンチャーがある。それが、ＦＯＭＭ（神奈川県川崎市）。17年10月31日、ヤマダ電機はＦＯＭＭとの資本業務提携により、ＥＶ販売に乗り出すと発表した。

ＦＯＭＭは、14年２月、世界最小クラスの４人乗りＥＶである「ＦＯＭＭコンセプトＯｎｅ」を開発した。「水に浮き、ジェット水流発生装置により水面でも移動可能」という変わり種。筆者が注目するのは、着脱できるカセット式バッテリーを採用していること。予備のカセットを持っていれば、電気がなくなっても充電済みの新しいカセットと交換することができる。

排ガスを発生せず音も小さなＥＶは一種の家電と見ることができる。ヤマダ電機はネット通販もやる予定なので、そのうちアマゾンなども参入するのではないか。

図54 GLMの主な提携先

ボッシュエンジニアリング（独）	モーターやバッテリーを制御するシステムの共同開発
ATS（独）	「コネクティッド・カー（つながる車）」の開発
帝人	樹脂製フロントウインドーの開発
旭化成	SUVの試作車を開発
安川電機	モーター・インバーターの開発

（出所）編集部作成

高級スポーツカー「GLM G4」とGLMの
小間裕康社長（2017年4月）

FOMMコンセプトOne（㈱FOMM提供）

水面を走れる（㈱FOMM提供）

55

成長産業の落とし穴

消えたEVメーカーたち

新産業に参入はできても、ビジネスとして成功することは容易ではない。多くの企業が一斉に参入すると、レッドオーシャン状態になって討ち死に続出という事態になる。アメリカで消えてしまったＥＶベンチャーには、フィスカーの他、ユニークな３輪ＥＶの発売を予定したアプテラ・モーターズ、コーダ・オートモーティブなどがある。

日本で高度な技術を持ちながら解散したのが、SIM-Drive（シムドライブ）。清水浩・慶應義塾大学教授（現名誉教授）が２００９年８月に創立した会社である。清水氏と言えば、８輪ＥＶ「Eliica（エリーカ）」（04年）の生みの親。外国のテレビ番組でも紹介された伝説の車だ。

SIM-Driveは技術開発会社で、インホイールモーターを装備したプラットフォームをベースとし、複数の企業の参加を募り、先行開発車の製作を行った。収益源は、参加企業から得られる参加費、および開発された技術を外部の企業に供与する際の技術料であった。

年1回のペースで複数回の開発が行われ、毎回数十社の参加を得て多くの技術的成果を挙げたが、13年３月には創業者の清水氏が退任。同社は、17年6月に解散している。

プロジェクトを通じて得られた多くの成果が今後参加企業によって活用されることを祈りたい。清水氏は、13年９月に別会社（株式会社e-Gle）を立ち上げている。

もう1社はナノオプトニクス・エナジー。12年、鳥取県から約３億円の補助を受け、ＪＴの米子市の工場を取得。ＥＶ製造を計画し、「16年までに８００人の雇用と売上高１０００億円を目指す」としたが、開発の遅れでＥＶを断念。13年に電動車いす「ユニモ」の製造に乗り出したが業績は回復せず。15年12月に新会社ユニモとして再出発したが、創業者の藤原洋氏は退任している。

図55 消えたEVベンチャー

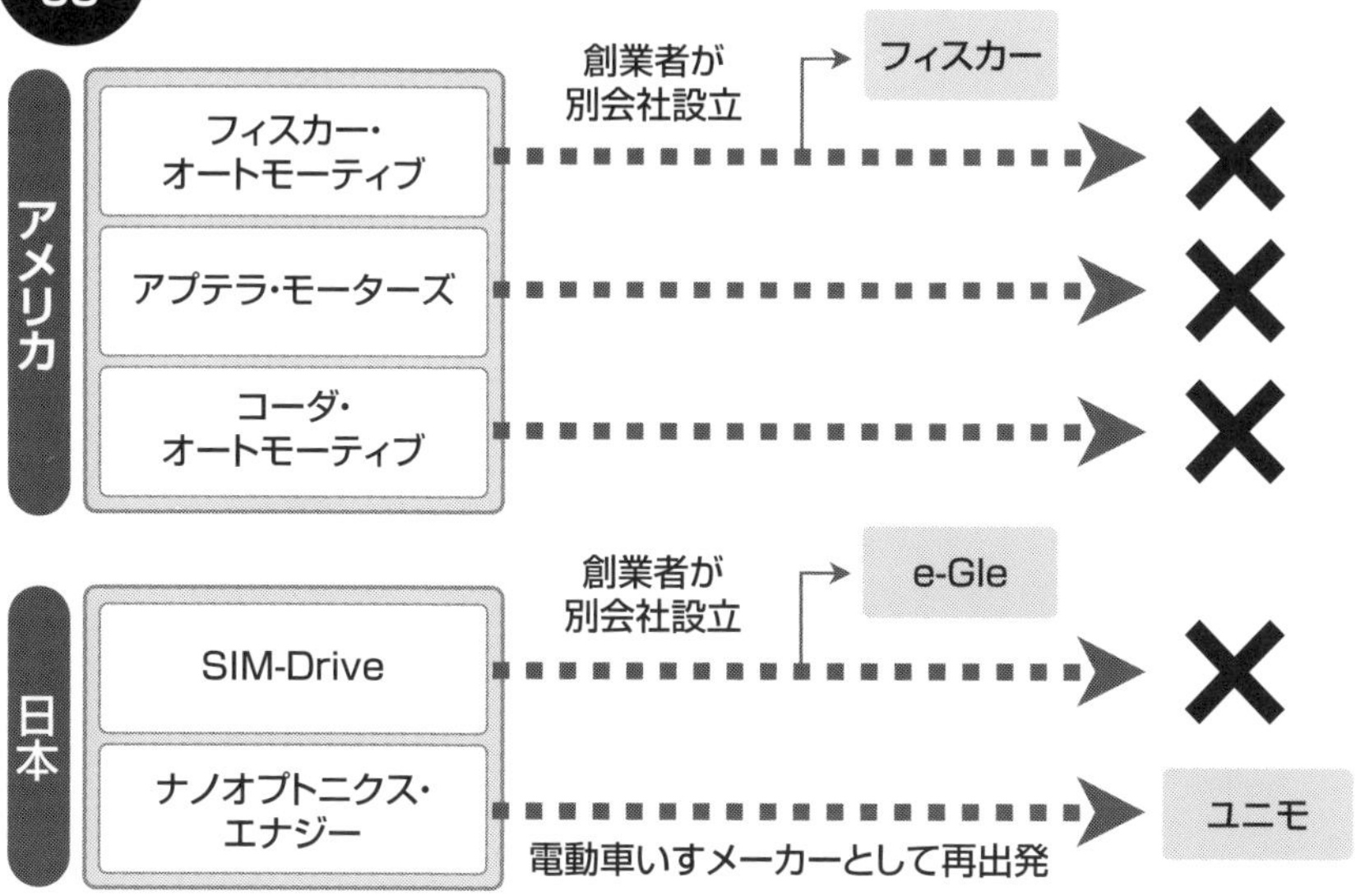

（出所）著者作成

経営破綻したフィスカー・オートモーティブの「カルマ」（2009年9月、共同）

56

アメリカのスモール・ハンドレッド

第二のテスラが続々と生まれる

テスラの社名は「交流の父」ニコラ・テスラから来ているが、実は、もう1社同じ由来の社名を持つと思われるＥＶベンチャーがある。それが、ニコラモーター（Nikola Motor）。

ニコラは、これまでに、「Nikola One」などのＥＶトラックを発表している。17年９月、ボッシュとニコラは、世界初の水素燃料電池トラックを共同開発すると発表した。２０２1年にニコラが発売予定の新型トラックのパワートレインにボッシュの「eAxle」を組み込む。

もう一つ、今注目されているＥＶベンチャーがルーシッド・モーターズ（Lucid Motors）。カリフォルニア州メンローパーク市に本社を置く。07年にこの会社（当時の社名はアティーバ：Atieva）を創立したのは元テスラの幹部たちで、中国のTsing Capitalなどが出資している。18年に高級ＥＶセダンを、その数年後には高級クロスオーバー車を発売するというから、まさに、テスラの後追いだ。

一時注目を集めながら、その後消えてしまったベンチャー企業も少なくない。その一つがフィスカー・オートモーティブ。テスラのライバルと目され、11年にシリーズ方式のＰＨＶである「カルマ」を発売した。その方式は、日産「e-POWER」のバッテリーを大きくして外から充電できるようにしたもの。

創業者でＣＥＯのヘンリック・フィスカー氏は、デンマーク生まれ。筆者は、09年９月、ＮＨＫの取材協力のため電話で話したことがある。

しかし、バッテリーメーカーであるＡ１２３・システムズの破綻により「カルマ」の生産はストップし、結局、会社は13年11月に破綻した。しかし、フィスカー氏自身は16年10月に新たにフィスカー社（Fisker, Inc.）を立ち上げ、再起を図っている。

図56 シリコンバレーのライバル達

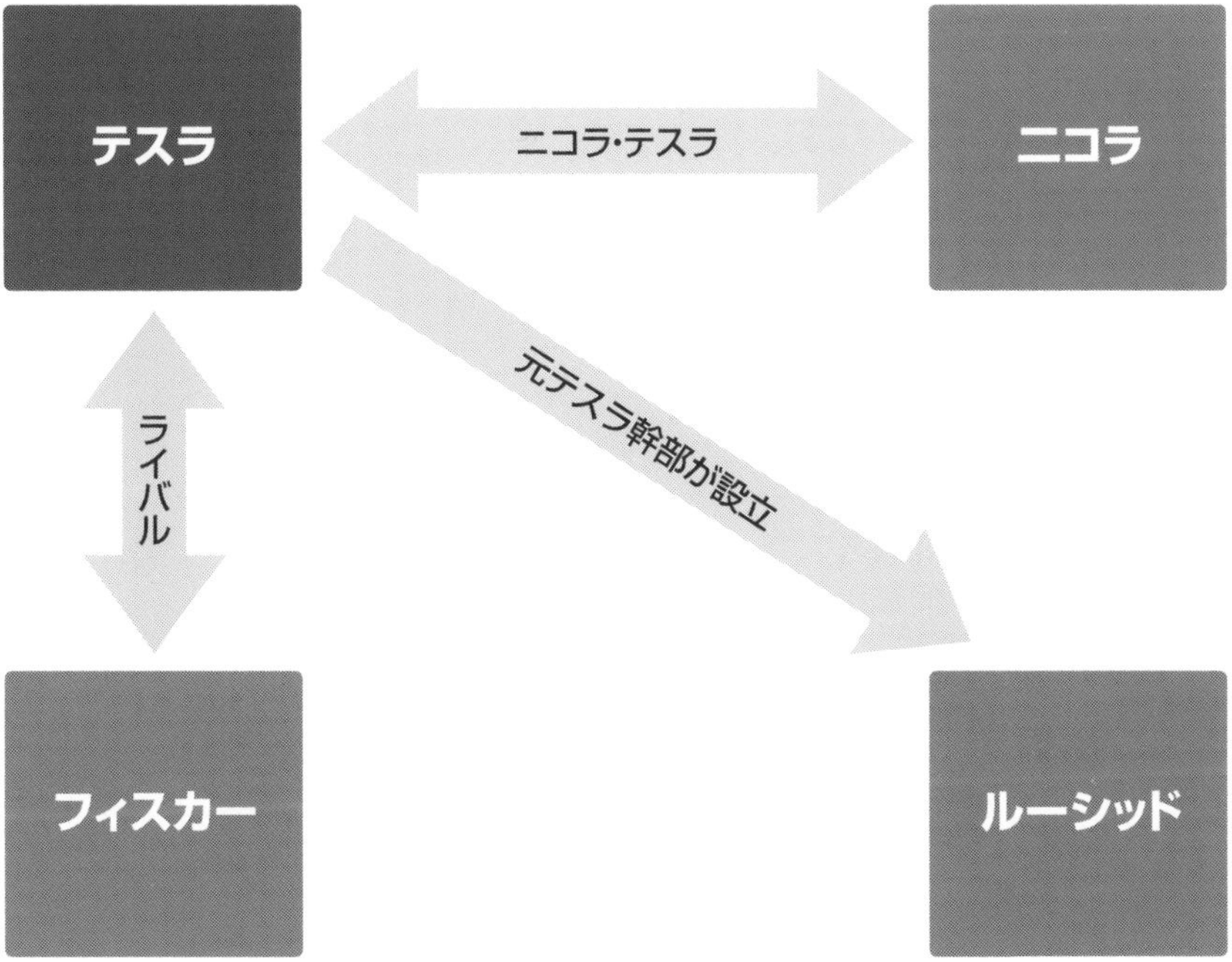

（出所）著者作成

57

EVで蘇るビンテージカー

コンバート（改造）ＥＶの将来性

日本にも新規参入のＥＶベンチャーが現れているが、筆者が特に期待するのは既存のガソリン車からエンジンとガソリンタンクを取り外し、代わりにモーターとバッテリーを積み込んで作る「コンバート（改造）ＥＶ」だ。

17年9月、日産が新型「リーフ」のスペックを発表した日、「メッサーシュミットＫＲ２００」のコンバートＥＶが納車された。元の車は、飛行機のようなボディに2サイクルエンジンを載せた前後２人乗りの３輪車（前方2輪後方1輪）。

60年も前にドイツで作られた歴史的な車で、部品の調達が難しく、長年倉庫の片隅に置かれていたものだ。しかし、ＥＶに改造すれば再び走れるようになることが分かり、この分野で実績の豊富なオズコーポレーション（横浜市）に改造を依頼した。

オズでは、ビンテージカーのコンバートをメインビジネスにしており、これまでに「メッサーシュミット」の他「イセッタ」（3輪車）や、１９６０年代に生産された「ダットサン フェアレディ」（輸出仕様）などのビンテージカーを電動化して蘇らせている。

そのオズが今取り組んでいるのが、フォルクスワーゲン「ビートル」。オズの古川社長は、「町で注目を集めるような車」でかつ「数百万円かける価値のある車」、さらに、今後の量産のために「ある程度の数を確保できる車」は何かと考え、「ビートル」にたどり着いた。「ビートル」の総生産台数は約２１５３万台で、４輪自動車としては世界最多である。

完成した「ビートルＥＶ」は、17年11月に開催された「ジャパンＥＶフェスティバル２０１７」で披露された。この車には、中古の日産「リーフ」のバッテリーが再利用されている。オズでは、すでに複数の「ビートル」を仕入れており、今後同社の看板商品として売り出す予定。筆者も1台予約した。

図57 コンバートされた「ビートルEV」の駆動部

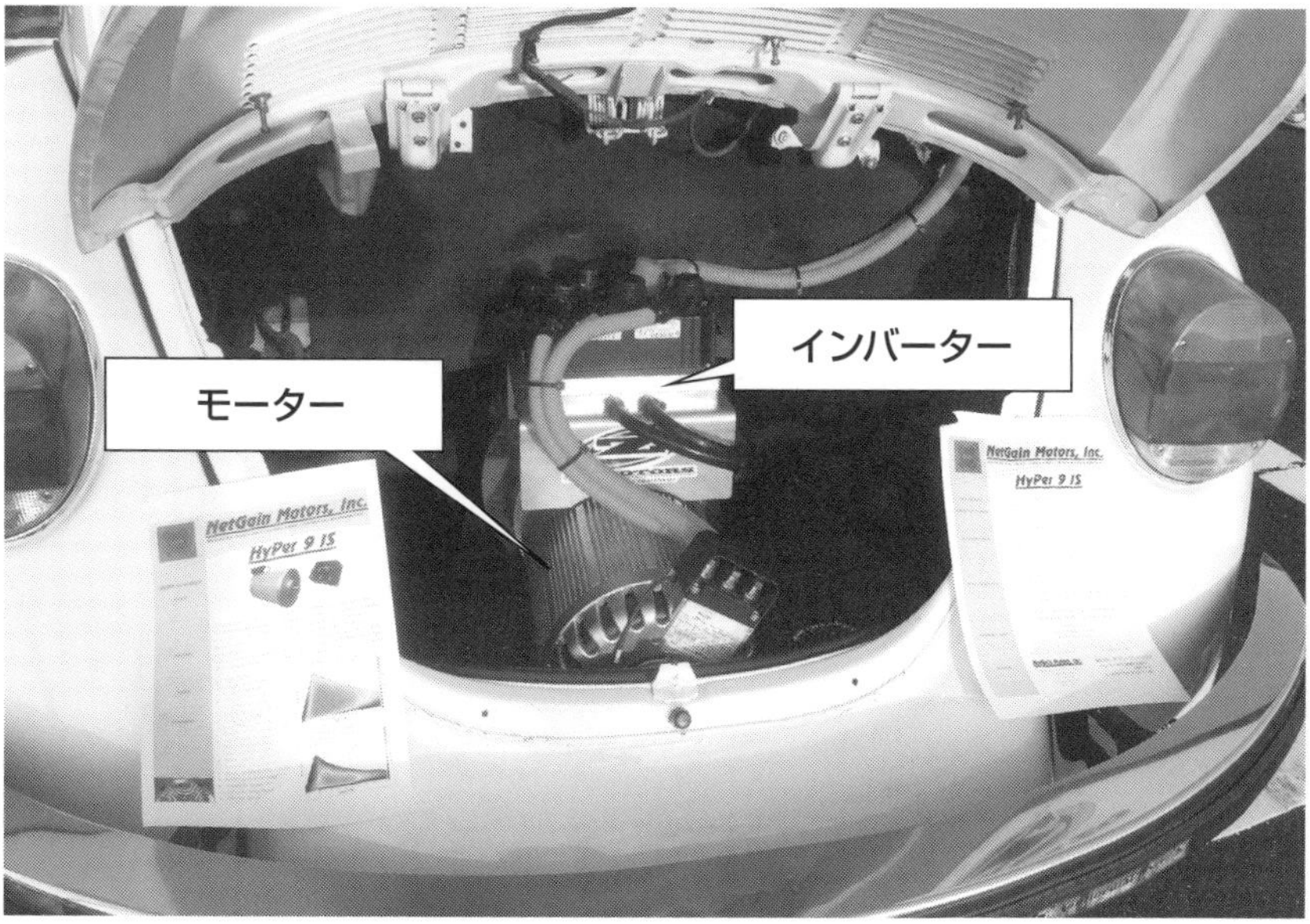

（出所）オズコーポレーション

電動化されたメッサーシュミット「KR200」

図解EV革命 COLUMN

コンバートEVに注目

「スモール・ハンドレッド」は筆者の造語。「ビッグスリー」に対する言葉で、ガソリン車時代には少数の大企業が支配するのに対し、EV時代には小さな多数の企業がしのぎを削る、という意味を表す。

筆者がこの言葉を使い始めた2008年ごろにはテスラがその筆頭だったのだが、現在では時価総額でGMと肩を並べる大企業になってしまった。中国のBYDオートも同様。反対に、当時注目されながら、その後消えてしまったメーカーも多い。

日本にも新規参入のベンチャー企業が現れているが、筆者が期待するのは、既存のガソリン車からエンジンとガソリンタンクを取り外し、代わりにモーターとバッテリーを積み込んで作る「コンバートEV（改造EV）」の分野。

筆者がコンバートEVを推進する理由の一つは、CO_2削減のスピードアップを図ること。日本には約7800万台のエンジン車が走っている。対する新車の販売台数は500万台だから、その全てがEVになっても入れ替わるのに15年以上かかる計算になる。そのため、既存のエンジン車をEVに変えてしまおう、という考えだ。

日本のスモール・ハンドレッドの候補としては、EV時代に仕事が減少するガソリンスタンド、修理工場、部品メーカーなどがあり、実際、それらの業界でコンバートEVを手がける例が出始めている。

コンバート作業自体は、慣れれば1台当たり数日でやれるようになる。1日で完成、翌日車検取得という事例もある。そこで、ガソリンスタンドや修理工場などで、1年に100台コンバートする。そのような拠点が1万カ所できれば、年間100万台のコンバートEV産業を興すことができる。ガソリンスタンドだけで、全国に3万軒もある。現在は、モーターやバッテリーが高価すぎて難しいが、企業間連携による大量仕入れなどによりコスト削減ができれば、不可能な話ではない。

第九章

技術力で再び日本の黄金時代が来るのか……

58 日本の黄金時代が来るための条件

まずはシンプルに考えよう

100年に1度の大変革。このような時代に勝ち残るためには、いくつかの条件がある。

第一に、シンプルに考え迅速に動くこと。

テスラの成功は革新的な技術によるものではない。「ロードスター」から「モデルS」「モデルX」まで、モーターは、町工場などで普通に使っているのと同じタイプの汎用品の交流誘導モーターであり、電池も、ノートPCなどで使われる小型円筒型汎用品を採用している。

「シンプル・迅速」路線を採ったテスラは、数百億円の資金で03年の創立から、わずか5年で「ロードスター」を発売した。日産自動車は、3000億円の資金をつぎ込んだが、リーフの発売は2年遅れの10年だった。

第二に、グローバルな視点を持つこと。太陽光発電においても、日本のパネルメーカーは、日本市場だけを考え、非常に小さな販売目標を立てた。しかし、太陽光発電はEVと同様、CO_2削減の努力の中で全世界的に急成長している。結果、投資も十分でなかった日本勢は中国、韓国勢を相手に苦戦している。

EVにおいても、カリフォルニアを始め、中国、フランス、イギリスなどで、HVがエコカーから外されることを予測できなかった。「国策」水素社会などはガラパゴス化するだけだ。

第三に、日本企業は、「ものづくり大国神話」からの脱却が必要である。

太陽光発電でもEVでも、今の中国は10年前の中国とは別の国だ。今後は、インドなどの新興国も台頭する。特に、構造が簡単で汎用部品の組み合わせが重要になるEVでは、日本の誇る「すり合わせ」が役に立たなくなる。

ものづくり技術への過信を捨てなくてはならない。

図58 黄金時代再来の条件

シンプル&スピード	● テスラ：汎用モーターと汎用電池 ● 日本勢：ハイテクモーターと特注電池
グローバルな視点	● 日本市場は世界の5% ● 外国の規制動向に注意
ものづくり神話からの脱却	● 中国などの躍進（10年前とは違う国） ● 日本のものづくり能力の劣化

（出所）著者作成

59

成功体験を捨てよ！

トヨタはＥＶでも勝ち組になれる！

前述の「成功３原則」はそのままトヨタ自動車に当てはまる。まずは、「シンプル＆スピード」。これまでのトヨタのエコカー路線は「シンプル」の逆を歩んできた。その象徴が「全方位対応」のエコカー戦略だ。中核に据えるＨＶとＦＣＶは構造的にも複雑。これからは、一転、構造のシンプルなＥＶ中心で行くべきだ。

トヨタは、意思決定の「スピード」でも改善の必要がある。テスラのマスク氏、ＢＹＤの王氏、ルノー・日産・三菱連合のゴーン氏などのカリスマ経営者が迅速な意思決定をするのに対して、トヨタは、経営陣による集団指導体制がＥＶ参入への遅れにつながったのではないか。

この遅れを取り戻すために、デンソー、アイシン精機、マツダに加え、スズキなども参加する大所帯をまとめる強力なリーダーシップが必須だ。

トヨタはまた、グローバルな動きにもっと目を開く必要がある。カリフォルニア、中国、ヨーロッパで、ＨＶがエコカーから外される現状を踏まえ、「プリウス」からの卒業を急がねばならない。また、世界がほとんど相手にしていないＦＣＶについても、「究極のエコカー」という看板は下ろすべきだ。

最後に、日本型ものづくりピラミッド体制からも脱却する必要がある。ＥＶ時代には、日産が電池事業を切り離し、ホンダがモーターの一部外部調達に踏み切ったように、系列やグループに関係なく、世界中から最適な部品を調達し組み合わせていく必要がある。

トヨタが本気になれば、良いＥＶができることは間違いない。特に、全固体電池には期待できる。しかし、ＥＶ時代には、ＧＭ、ＶＷ、ルノー連合の他、テスラ、ＢＹＤなど多くの中国勢やシリコンバレーの新興企業群との競争が待ち受けている。トヨタに限らず既存大手メーカーが圧倒的な地位を得るのは難しいだろう。

図59 トヨタ改革の条件

シンプル&スピード	● 全方位エコカー戦略破棄 ● 構造の簡単なEVへ ● 強いリーダーシップによる迅速な意思決定
グローバルな視点	● 「プリウス」はエコカーから外される ● 海外市場はFCVに冷淡
ピラミッド構造からの脱却	● グループ外からの調達 ● グループ企業の自立化支援

（出所）著者作成

トヨタの試作車「Ｃｏｎｃｅｐｔ一愛ｉ ＲＩＤＥ」
（東京モーターショー2017）

60

EVに集まる技術とマネー

100年に1度のチャンスに乗る！

新産業が興る時には大きな投資がなされ、また多くの新規参入を支援する金が動く。

一時、時価総額で巨人ＧＭを上回ったテスラは２０１７年８月、新たな社債を発行し、15億ドル（約１６６０億円）の資金調達計画を発表。カリフォルニア州フリーモント工場の設備の改修などに充てる。

京都のベンチャー企業ＧＬＭが19年に量産を目指す高級スポーツカー「Ｇ４」は、急速にＥＶ化を進める巨大市場中国をターゲットにしている。17年7月、香港の投資持ち株会社オーラックスホールディングスが、約１２０億円でＧＬＭの株式の大部分を取得すると発表した。この会社は、中国の富裕層との間に太い顧客パイプを持っていて、次のターゲットはＥＶだという。

中国マネーの動きはシリコンバレーでも活発だ。ＥＶベンチャー、ルーシッド（旧社名アティーバ）に出資しているのは中国のインターネット大手、楽視網。シリコンバレーでは、もう1社、ファラデー・フューチャー（Faraday Future）にも出資している。その楽視網の創業者にして会長が、「中国のジョブズ」ともよばれる賈躍亭（Jia Yueting）氏。賈氏は04年に楽視網を創立し、その後、格安スマートテレビが大ヒットするなどで急成長し、テレビ、映画、インターネット・ポータルサイト、スポーツ、自動車製造など、様々な業界に矢継ぎ早に進出した。

しかし、急速な拡張路線の陰で、同社の資金繰りには常に不安が付きまとった。実際に借入金の返済も遅滞し、16年11月、中国株式市場で株価が暴落。17年7月に賈氏は会長職など全ての役職の辞任を発表した。

この程度のことでＥＶへの金の流れに影響が出るわけはないが、「チャンスあるところにリスクあり」を肝に銘じる必要がある。

図60 EV投資の流れ：金の動きに国境なし

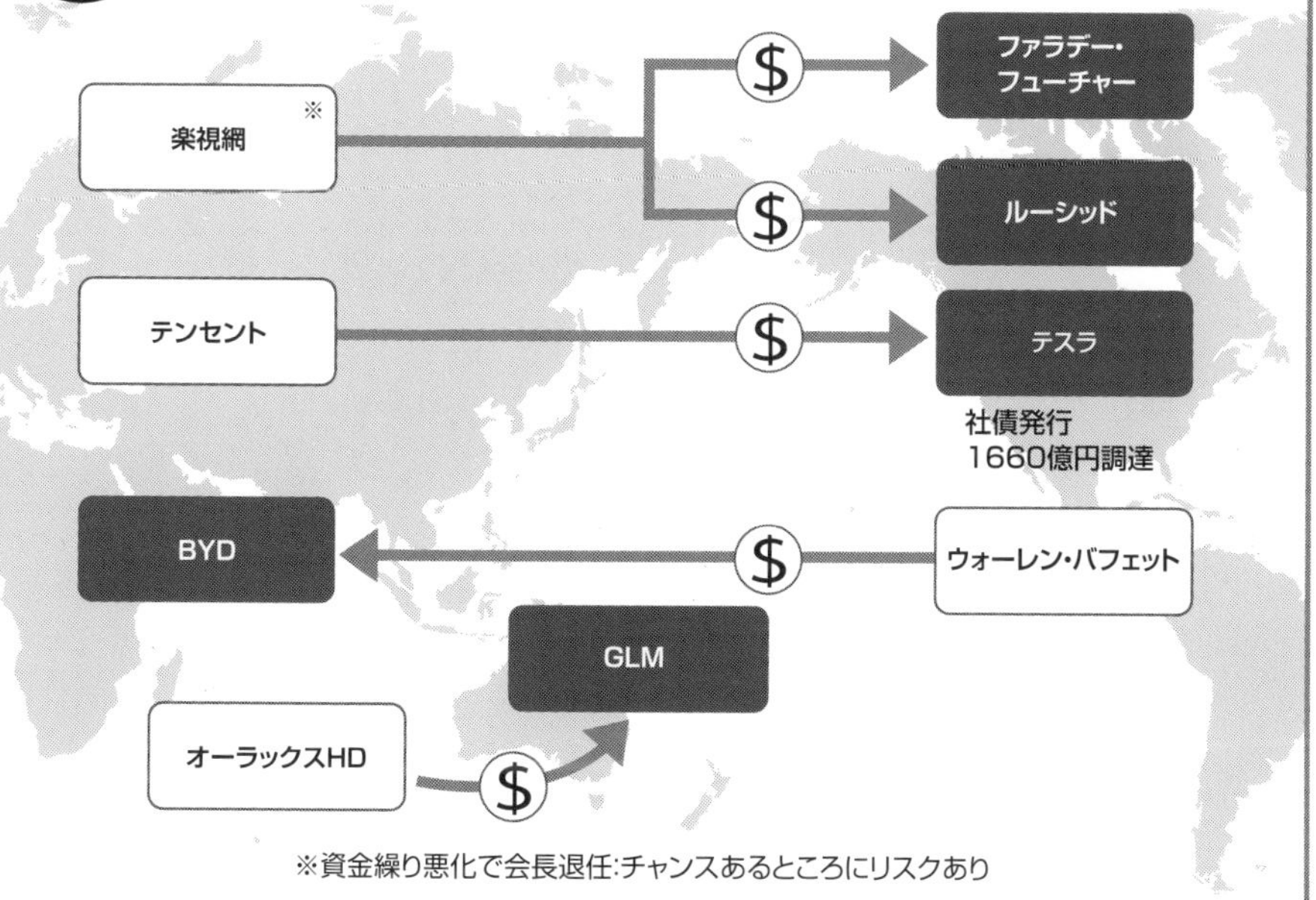

（出所）著者作成

図解EV革命 COLUMN

日本企業は「技術で勝ってビジネスで負ける」を繰り返すな

EVブームの中で、日本人として誇るべき点と心配な点がある。誇るべき点は、多くのEV関連の技術に日本人および日本企業が貢献していること。

その代表がリチウムイオン電池。1960年代にはその基本的なアイデアがあったらしいが、実用化が難しく、70年代以降世界中の多くの企業や研究者が開発競争を繰り広げた。

リチウムイオン電池の実用化にメドをつけたのは日本企業の研究者。83年、旭化成工業の吉野彰氏らは、正極にリチウムを含有するコバルト酸リチウム（$LiCoO_2$）、負極に炭素材料、電解質として有機溶媒を用いた二次電池の原型を創出。さらに85年、リチウムイオン二次電池の基本概念を確立した。

リチウムイオン電池の商品化でも日本企業が最初であった。91年、ソニー・エナジー・テックは世界で初めてリチウムイオン電池を商品化した。次いで93年にエイ・ティバッテリー（旭化成と東芝との合弁会社、後に東芝グループの100％子会社化）により商品化された。さらに、94年には三洋電機も商品化に成功した。

以上は、誇るべき点。それでは、心配な点とは何か。車載用リチウムイオン電池国別シェアで14年までは日本がトップだったが、15年には中国に抜かれていること。しかも、中国のシェアは60％を超えており、日本は2倍以上の差をつけられている。

リチウムイオン電池を実用化し、市場を引っ張ってきたのは日本である。日産自動車に電池を供給するオートモーティブエナジーサプライ（AESC）やテスラなどを顧客に持つパナソニックが生産量を拡大させた。15年にも日本勢の生産量は前年比で30％以上増加したのだが、中国メーカーの生産量が3倍以上に急伸したことで日本は世界シェア2位に転落している。

技術で勝ってビジネスで負ける。特に、電気・電子分野における最近の日本企業の負けパターンが繰り返されそうなことが心配な点だ。

第十章　２０３０年のＥＶ市場を大胆予測

61 ガソリン王国は終焉、EV王国へ

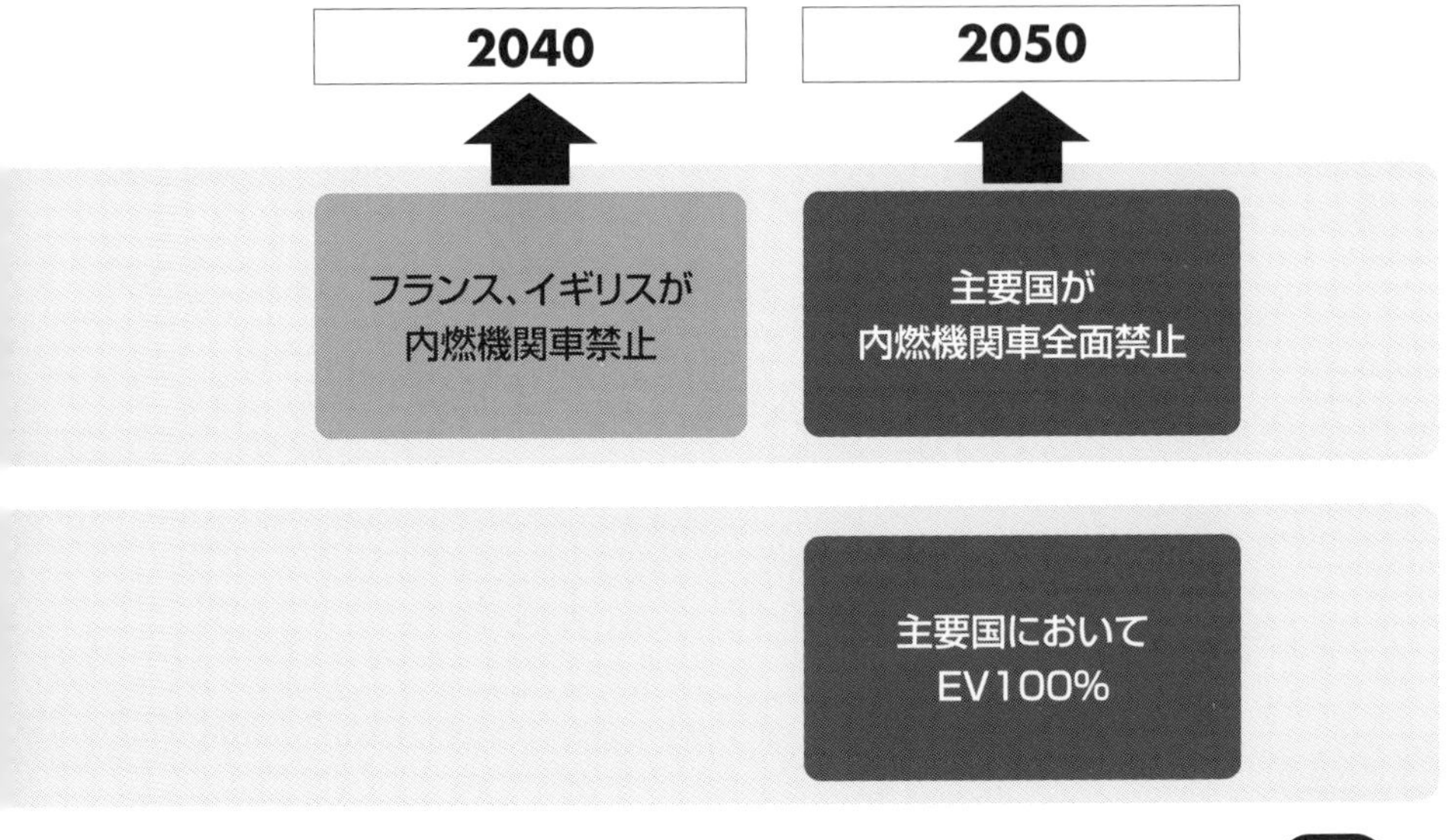

もはや一時のブームではない

現在のＥＶ化の動きは少々過熱気味ではあるが、その流れ自体は一時のブームではなく永続的なものだ。１００年かけて築いたガソリン車王国は次の30年でＥＶ王国に代わる。ノルウェーは２０２５年、フランス、イギリスは２０４０年にエンジン車の新車販売を禁止する。その時点でもそれ以前に販売されたエンジン車が走っているが、筆者は２０５０年には、主要国を走る全ての車がＥＶになっていると予想する。

その根拠は、15年12月に採択された「パリ協定」に、「21世紀半ばまでにCO_2などの温暖化ガスの排出を実質ゼロにする」という目標があることだ。内燃機関が禁止されればＨＶはもちろんＰＨＶもなくなる。

中間の２０３０年ごろはどうか。ノルウェーのエンジン車禁止が25年だと考えると、ドイツなどは30年までには同様の規制を行うのではない

図61 2050年までにEV100%！

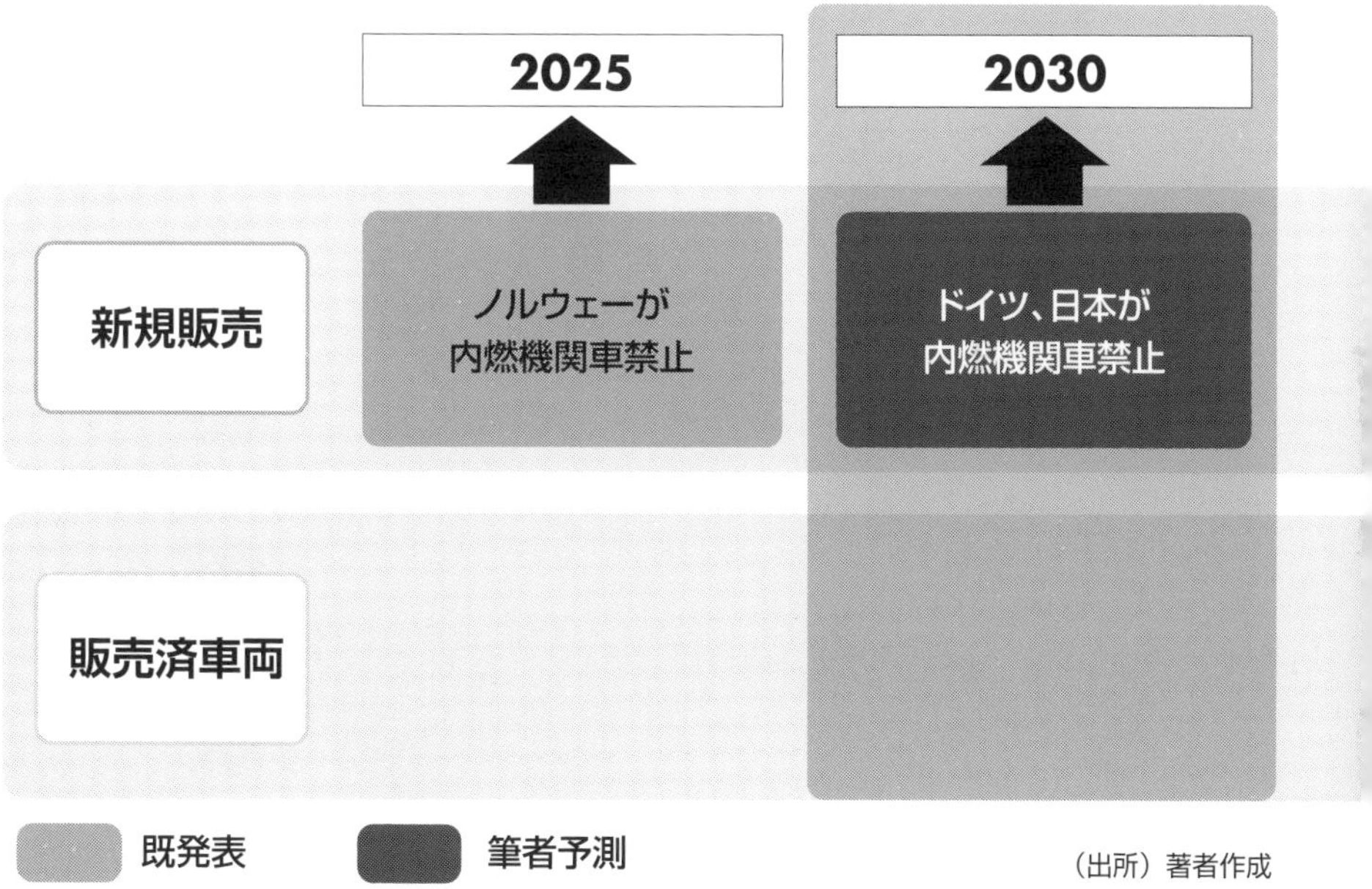

（出所）著者作成

だろうか。

日本は、国の政策の方向が違っているのが心配だ。経産省は水素社会の実現に向けて産学官の取り組みを進めている。FCVの普及目標を２０２０年までに累計で４万台程度、２０２５年までに20万台程度、２０３０年までに80万台程度としているが、筆者は、２０２５年までにはこのロードマップ自体が廃止されていると予想する。ＦＣＶは一部長距離用などで使用されるかも知れないが、存在感はほとんどないだろう。幸いなことは、メーカーレベルでは、これまで出遅れていたトヨタ、マツダ、スズキなど主要メーカーがＥＶシフトを鮮明にしていることだ。

日本初の量産型ＥＶ「i-MiEV」が発売されたのが09年。２０５０年までの約40年間で全てのエンジン車をＥＶに置き換えるという筆者の構想を実現するためには、日本も２０３０年から２０３５年ごろまでにエンジン車を禁止する必要がある。

62

電気自動車の新ビッグ3

フィスカー、ボルボ、FOMMに注目

現在の「EV新ビッグ3」は、テスラ、BYD、ルノー・日産・三菱連合だ。当面はこの3社だが、その先の勝者は誰にも分からない。何しろ、中国やシリコンバレーを中心に新規・異業種参入が続出するからだ。

新規参入組で筆者の注目は、再起を図るアメリカのフィスカー。元フィスカー・オートモーティブの創業者、CEOだったヘンリック・フィスカー氏が2016年に創立したEVメーカーで、18年1月にラスベガスで開催予定の家電見本市のCES 2018で新コンセプトEV「EMotion」を公開する予定。イーロン・マスク氏以上のリーダーになる可能性を秘めた天才の再挑戦に期待する。

大手では、EVオンリーに舵を切ったボルボに注目。ボルボは17年7月、ガソリン車の生産を段階的に廃止し、19年以降に発売する全ての車種をEVやハイブリッド車（HV）にすると発表した。脱ガソリン、脱ディーゼルを宣言したのはボルボが大手メーカーの中では初めて。2010年以来中国の自動車メーカー、浙江吉利控股集団傘下にある名門メーカーがEV時代のリーダーになれるか注目したい。

EVは製造に関しては、参入障壁が低いだけに、デザイン力や販売力の勝負となる。その点で、家電量販店のヤマダ電機と提携したEVベンチャーFOMMは良い選択をした。他の家電量販店も参入するはずだが、大手自動車メーカーは自社のディーラー網があるので、提携相手は新規参入組になるはずだ。

EV時代には、エンジンのないボディを仕入れ、モーターと蓄電池を組み込んでEVを完成させるシステムインテグレーター的なメーカーも出てくる。コンバートEVなどもこのカテゴリーに入るだろう。さらに製造は他企業に任せ、自らはデザインだけ行うデザイン企業も出現しそうだ。

図62 EV時代の勝ち組

初代ビッグ3	2017年EVビッグ3	今後の注目企業
GM	テスラ	フィスカー
フォード	BYD	ボルボ
クライスラー	ルノー・日産・三菱連合	FOMM
		その他

（出所）著者作成

63 どこまでも走る電気自動車 その1

テスラが開発中の電池交換方式

ＥＶをどこまでも走らせる方法はないだろうか。筆者が、一番期待するのは「電池交換方式」だ。ＥＶの大きな弱点は航続距離が短いこと、と言ったが、それだけならテスラがすでに解決しつつある。

ところが、ＥＶにはもう一つの重大な弱点がある。それは充電に時間がかかること。「リーフ」の場合、家庭用２００Ｖ電源だと8時間、「急速充電器」でも30分程度かかる。ガソリン車の給油時間が5分もかからないことを考えると、とても「急速」などと呼べるものではない。

しかし、電気の補充を素早くやる方法がある。それが、電池交換方式だ。この方式を鳴り物入りで導入したのがテスラだ。

２０１３年6月21日、イーロン・マスクＣＥＯ自らが壇上で、約1分半で「モデルＳ」の電池を交換してみせた。これなら「充電を気にすることなく」と言っても誇張ではないだろう。

テスラは実際に電池交換ステーションを何基か設置し、筆者は「我が意を得たり」と喝采したのだが、同時に「これは普及しない」とも思った。テスラ1社だけでは無理なのだ。

電池交換方式を普及させるためには、少なくとも二つの条件をクリアする必要がある。第一に、電池が簡単にはずせるような構造になっていること。しかし、今のところ、テスラ「モデルＳ」以外でそういう構造になっている量産ＥＶはない。

第二に、各メーカー間で電池の形状や性能が統一されていることが必要だ。つまり、乾電池のような規格化・標準化である。残念ながら、電池の標準化については、まだ議論さえ始まっていない。案の定、導入から2年後にマスクＣＥＯが「ドライバーは交換方式を望んでいない」として、実質上中止してしまった。

しかし、電池の標準化と電池交換方式の普及は喫緊の課題である。

図63 バッテリー交換方式でEVの充電問題を解決

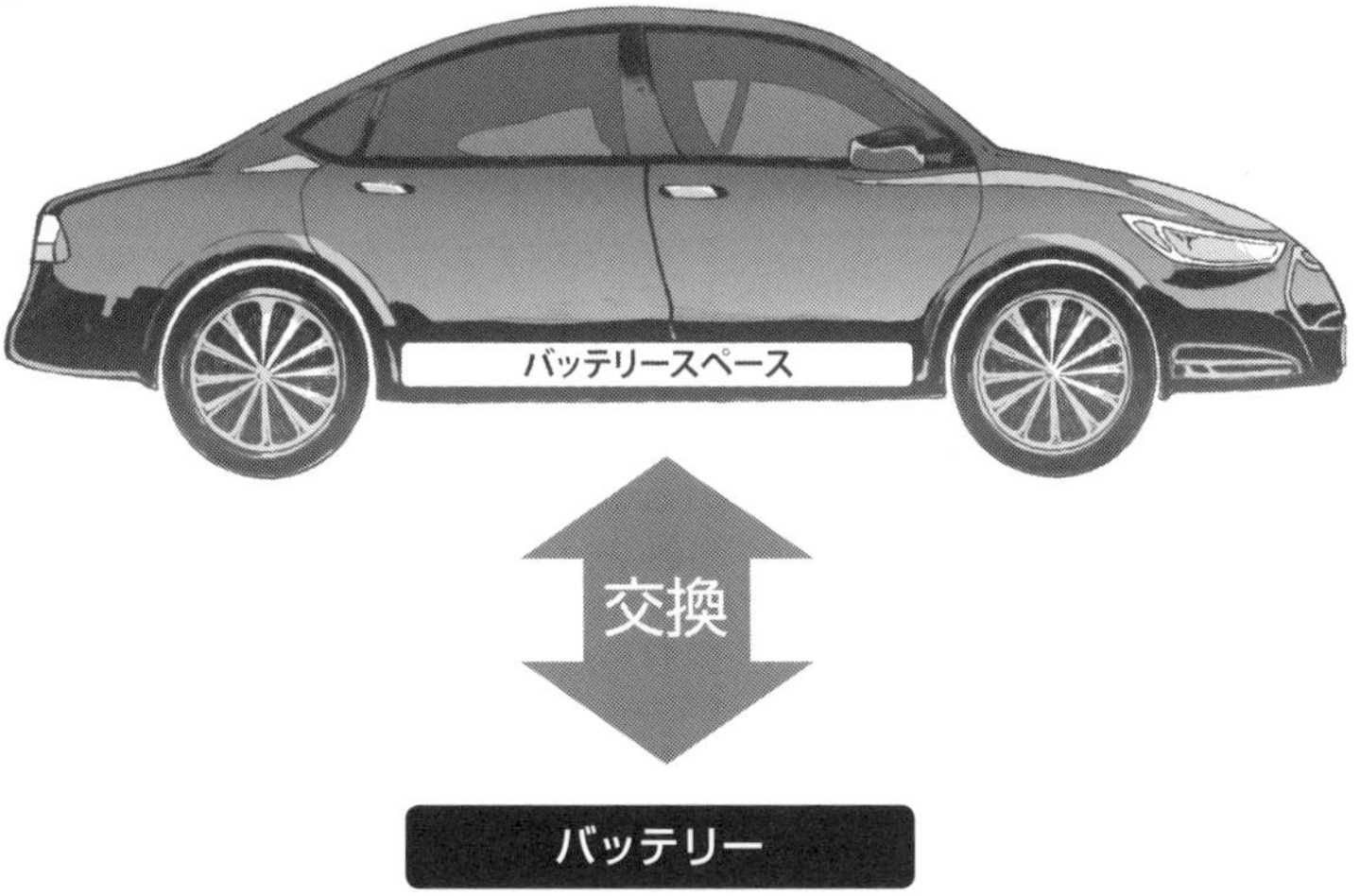

電池交換方式を採用したテスラ「モデルS」

64 どこまでも走る電気自動車 その2

EVの「電車化」

ＥＶの充電問題を解決するためのもう一つの方法はＥＶの「電車化」。つまり、外部から電気の供給を受けながら走り続ける方式だ。道路に電線を這わせ、下向きのパンタグラフを使う「接触式」なら現在の技術ですぐできる。

よく似たシステムがスウェーデンのVolvo Busesで開発された。ＰＨＶタイプのバスの屋根にパンタグラフを配置し、バス停で停車中に容量19キロワット時（ｋＷｈ）のリチウムイオン電池を充電。充電なしの電気で走行できる距離（ＥＶ走行距離）は2〜5キロメートルだが、バス停での充電を繰り返すと、運行経路の約70％をＥＶモードで走行できるという。

これを一般車にも適用するなら、例えば、交差点で一時停止中に給電を繰り返すという方法もある。ちなみに、Volvo Busesでは、最初は、パンタグラフによる接触式だが、将来的には、非接触タイプとするようだ。非接触充電システムをＢＭＷも東京モーターショーで展示した。

筆者が描く究極の姿は、走行中に充電しながら走り続けるというものだが、規模は小さいながら、そのような方式の実験に成功した例がある。豊橋技術科学大学は16年3月、大成建設との共同研究でバッテリーを搭載しないＥＶの屋外での走行実験に成功したと発表した。大学構内に設置された長さ約30メートルの「電化道路」と呼ばれる専用道路上を、1人乗りのＥＶが時速約10キロメートルで走行した。

電化道路には2本の電極板が埋め込まれており、この電極板から高周波電力をＥＶのタイヤ内部の金属（網目状のスチールベルト）に送電し、モーターに給電するという仕組み。同大では、バッテリーを積まないＥＶでの有人走行は世界初という。

このようなシステムを、例えば高速道路の一部区間にでも設置すれば、比較的小さなバッテリーで長距離ドライブが可能になる。

図64 「電車化」で「どこまでも走れる」EVを実現

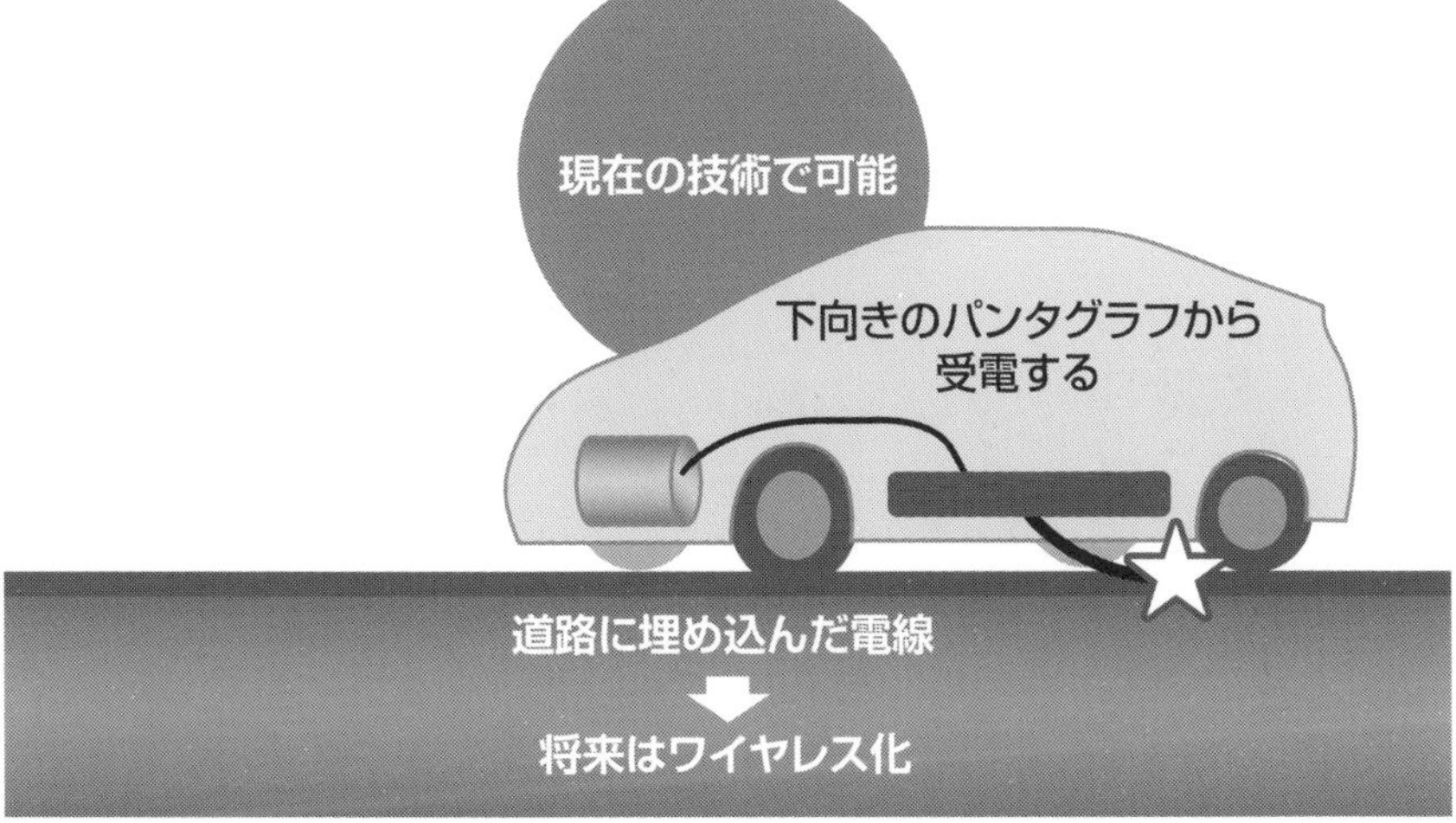
現在の技術で可能
下向きのパンタグラフから
受電する
道路に埋め込んだ電線
将来はワイヤレス化

（出所）著者作成

65

ライフスタイルはこう変わる

リビングから病院の待合室へ

ＥＶ化で我々のライフスタイルはどう変わるのか。それを考える時に忘れてはならないのがＥＶ化の本来の目的だ。それは、地球温暖化対策としてのCO_2削減。その目的がなければカリフォルニア、中国、ヨーロッパでガソリン車禁止を打ち出すこともない。CO_2削減はＥＶだけではできない。発電所での排出もゼロにするためには太陽光などの自然エネルギーへの転換が必須。だから、自動車革命は発電革命と並行して進むことになる。

メガソーラーも増えるが、全ての住宅がソーラーハウス化し、家庭用蓄電池も備える。また、駐車中のＥＶの蓄電池を家庭用に使うこともできる。メーカーではテスラはＥＶ、定置型蓄電池、太陽光発電を全て揃えている。

車の使い方も変わってくる。車は走るために作られているが、実際には止まっている時間の方がはるかに長い。現在は、ガソリン車は駐車スペースを取るばかりのやっかいものだが、ＥＶ時代には変わる。排気ガスも騒音もないＥＶは屋内駐車が可能になるからだ。室内に置くなら、インテリア・家具でもある。また、リビングの一角において、オーディオルームや書斎として使うこともできる。そういうデザインを売りにしたＥＶも発売されるだろう。

ＥＶは、高齢化対策にも貢献できる。病院やデイケアセンターに行くためには、一旦屋外に出て迎えの車に乗ったり、自家用車に乗り込む必要がある。それが自宅のリビングに駐車したＥＶに乗ったまま病院の待合室まで行くことも可能になる。緊急の場合、深夜に出かけても誰にも迷惑をかけることはない。

そういう用途に便利なのは、１人～２人乗りの超小型ＥＶやパーソナルモビリティと呼ばれる乗り物。今は法的な規制があるが、10年後には規制緩和され町を走っているだろう。

図65 EVのあるライフスタイル

駐車中にも大活躍

● 家庭用バッテリーとして

● 屋内駐車で個室空間として

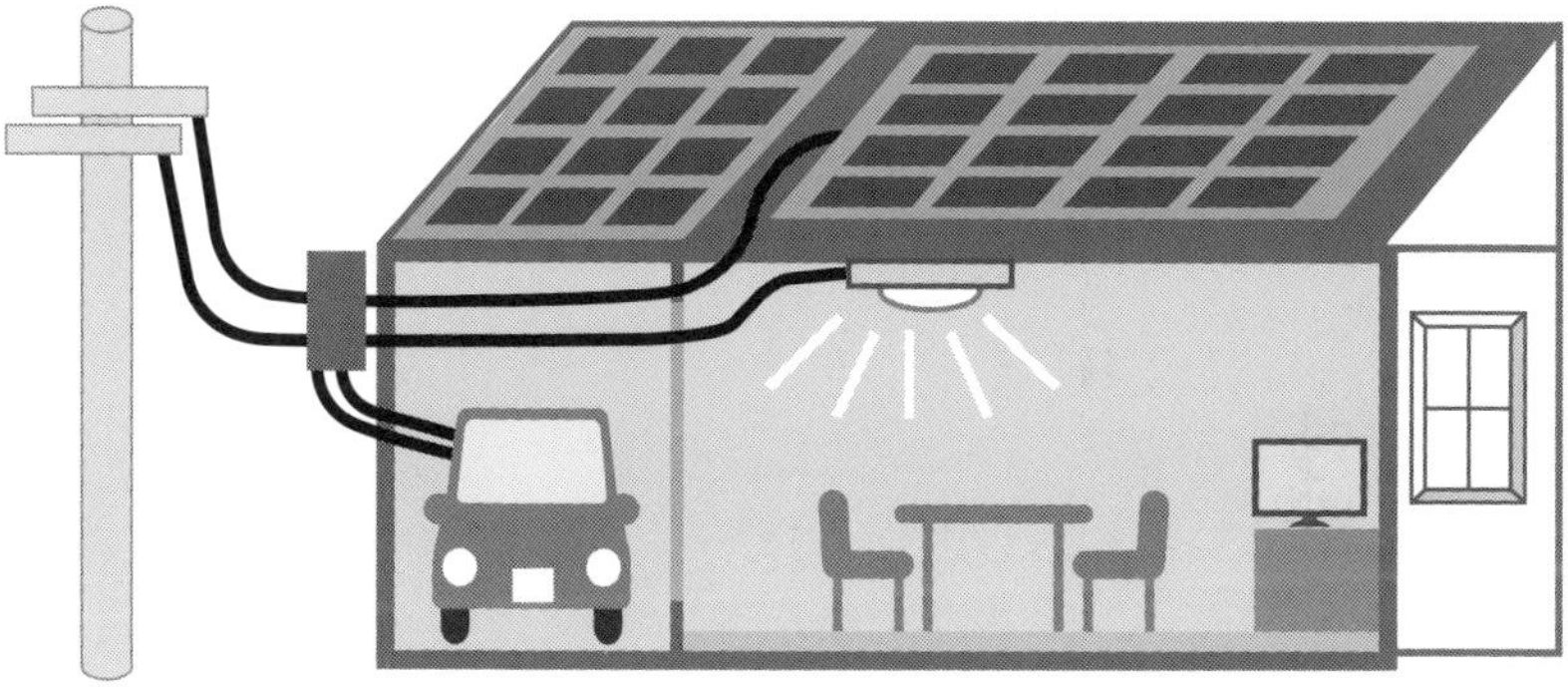

（出所）著者作成